Ángeles o robots

FRAGMENTOS, 46

Jordi Pigem

ÁNGELES O ROBOTS

LA INTERIORIDAD HUMANA
EN LA SOCIEDAD HIPERTECNOLÓGICA

FRAGMENTA EDITORIAL

Título original *Àngels i robots. La interioritat humana en la societat hipertecnològica*, Viena Edicions / Fundació Joan Maragall (2017)

La presente versión castellana del libro, realizada por el mismo autor, es una ampliación y actualización de la obra catalana original, que recibió el XXV Premi Joan Maragall otorgado por la Fundació Joan Maragall.

Publicado por FRAGMENTA EDITORIAL
Plaça del Nord, 4
08024 Barcelona
www.fragmenta.es
fragmenta@fragmenta.es

Colección FRAGMENTOS, 46

Primera edición FEBRERO DEL 2018

Producción editorial IGNASI MORETA
Producción gráfica LAIA SARDÀ
Imagen de la cubierta NARCÍS COMADIRA

Impresión y encuadernación ROMANYÀ VALLS, S. A.

© 2018 JORDI PIGEM PÉREZ
por el texto

© 2018 FRAGMENTA EDITORIAL, S. L. U.
por esta edición

Depósito legal B. 6.151-2018
ISBN 978-84-15518-86-0

Con el apoyo del Departamento de Cultura de la Generalitat de Catalunya

PRINTED IN SPAIN

RESERVADOS TODOS LOS DERECHOS

ÍNDICE

Abreviaturas — 7
Prefacio — 9

I UNA SITUACIÓN SIN PRECEDENTES — 13
1. Mirar la realidad con sinceridad — 13
2. El final de una era y la necesidad de transformación — 18
3. Superar la fragmentación del conocimiento — 20
4. Autoengaño y negación de la evidencia — 22

II *HOMO ABSORTUS*: TECNOUTOPÍAS Y ESPEJISMOS — 29
1. El espejismo continuista — 29
2. El espejismo de la aceleración — 34
3. El espejismo consumista — 40
4. El espejismo de la seguridad — 50
5. El espejismo dataísta — 56
6. El espejismo de la hipermovilización — 66
7. El espejismo tecnoutópico — 70
8. El espejismo del progreso — 79

III LA CONDICIÓN HUMANA BAJO EL PARADIGMA TECNOCRÁTICO — 85
1. La solución no es tecnológica — 85
2. Control, dominio y posesión — 96
3. El empobrecimiento de la experiencia — 106
4. La tecnocracia contra la trascendencia — 110

IV LA PLENA PARTICIPACIÓN EN LA REALIDAD 119

1. El origen interior de las crisis exteriores 119
2. El consumismo como expresión de un vacío existencial 123
3. El siglo XIII y la pérdida de participación 127
4. Redescubrir la dignidad del mundo 140
5. Recuperar la dignidad humana 152
6. Reencontrar la Fuente 160
7. Reintegrar la realidad 166

EPÍLOGO: EN LOS LÍMITES, TRES REVELACIONES 173

1. En el ojo del huracán de la historia 173
2. La revelación *perifísica* (en los límites de la materia) 174
3. La revelación *perigaiana* (en los límites de la Tierra) 177
4. La relevación *peribiótica* (en los límites de la vida) 179

Bibliografía citada 187
Índice onomástico 195

ABREVIATURAS

§ Papa Francisco, *Laudato si'*
Cito la versión castellana oficial publicada por la Santa Sede (Tipografía Vaticana, 2015) a partir de sus 246 secciones (§).

ENM Romano Guardini, *Das Ende der Neuzeit / Die Macht* (Ostfildern / Paderborn: Grünewald / Schöningh, 2016)
Reimpresión de la edición conjunta de ambas obras publicada en 1965 en Würzburg (Werkbund Verlag). *Das Ende der Neuzeit* ('El final de la era moderna', p. 7-94) fue publicada originariamente en Basilea en 1950; *Die Macht* ('El poder', p. 95-186) apareció originariamente en Würzburg en 1951. Doy mi propia traducción, citando entre corchetes las páginas correspondientes en el primer volumen de las *Obras* de Guardini publicado por Ediciones Cristiandad, Madrid, 1981.

ORP *Obras completas Raimon Panikkar / Opera Omnia Raimon Panikkar*
La edición definitiva de las obras de Raimon Panikkar se publica en italiano desde el 2008, en catalán desde el 2009, en francés desde el 2012,

en inglés desde el 2014 y en castellano desde el 2015. Cito los cinco volúmenes hasta ahora publicados de la edición castellana (*Obras completas Raimon Panikkar,* Herder, Barcelona), junto con otros cuatro volúmenes ya publicados de la edición catalana (*Opera Omnia Raimon Panikkar,* Fragmenta, Barcelona), indicando la página de los siguientes números de volumen (y tomo, cuando se da el caso):

I.1: *Mística, plenitud de Vida* (Herder, 2015)
I.2: *Espiritualidad, el camino de la Vida* (Herder, 2015)
II: *Religión y religiones* (Herder, 2015)
IV.1: *L'experiència vèdica* (Fragmenta, 2014)
VI.1: *Pluralismo e interculturalidad* (Herder, 2017)
VI.2: *Diàleg intercultural i interreligiós* (Fragmenta, 2014)
VIII: *Visión trinitaria y cosmoteándrica* (Herder, 2011)
IX.1: *Mite, símbol, culte* (Fragmenta, 2009)
X.1: *El ritme de l'Ésser. Les Gifford Lectures* (Fragmenta, 2012)

PREFACIO

Vivimos en un mundo con retos y oportunidades sin precedentes, pero no parece que estemos a la altura de las circunstancias. ¿Adónde nos está llevando la eclosión de nuevas tecnologías? ¿Siempre hacia el progreso, o a veces hacia un laberinto deshumanizador? Mientras el equilibrio ecológico y la cohesión social van deteriorándose a nuestro alrededor, ¿no está cambiando algo en la condición humana?

Inicialmente, el núcleo de esta obra era un comentario a la encíclica *Laudato si'* (*Alabado seas*) del papa Francisco, publicada en junio del 2015. Encontré en ella una honestidad y un coraje que se pueden resumir en su invitación a «mirar la realidad con sinceridad». Si miramos la realidad con sinceridad, veremos que estamos en una situación insólita, sobre todo a causa de lo que la encíclica identifica como «el problema principal», el *paradigma tecnocrático* que medra bajo el materialismo y el nihilismo contemporáneos.

En torno a *Laudato si'* sitúo a diversos autores críticos con el rumbo que está tomando el mundo. En un primer círculo concéntrico alrededor de la encíclica se encuentra el filósofo y teólogo católico alemán, de origen italiano, Romano Guardini (1885-1968), y el filósofo y teólogo católico catalán, de origen índico, Raimon Panikkar (1918-2010). *Laudato si'* cita a Guardini más que a cualquier otro autor que no haya sido pontífice y en su día Jorge Bergoglio quiso hacer en Alemania una tesis doctoral sobre él, nunca terminada; Guardini, por tanto, es un interlocutor esencial para una reflexión en profundidad sobre las implicaciones de la encíclica. En el caso de Panikkar, se trata de un pensador cuya obra y cuya persona tuve ocasión de conocer en profundidad, y, como veremos, su pensamiento entronca de múltiples maneras con el contenido de *Laudato si'*.

A partir de ahí la obra se convierte en una reflexión más amplia sobre la condición humana en nuestros días bajo el impacto de la crisis ecológica, de la crisis de los horizontes tradicionales de progreso y del impacto de la eclosión tecnológica en nuestra experiencia del mundo. En dicha reflexión incorporo otras tradiciones espirituales (budista, musulmana y ortodoxa), así como las perspectivas de diversos filósofos (Hubert Dreyfus, Martin Heidegger, Ivan Illich, Charles Taylor) y de autores que hablan desde la perspectiva tecnológica (como el pionero de la realidad virtual Jaron Lanier), psicológica (Daniel Goleman) o sociológica (Zygmunt Bauman). Son voces que ayudan a expresar la condición humana contemporánea.

※

Una versión anterior de esta obra, ahora ampliada en algunas partes y transformada en todas, recibió el Premio Joan Maragall y fue publicada como *Àngels i robots. La interioritat humana en la societat hipertecnològica* (Viena Edicions / Fundació Joan Maragall). Su redacción debe mucho al impulso y el estímulo que recibió de dos buenos amigos, Ignasi Moreta y Josep Maria Mallarach. Agradezco también la influencia directa de muchas otras personas, entre ellas Mariona Aragay, Mauricio Cardona, Inês Castel-Branco, Albert Cortina, Isidre Ferré, Pere Lluís Font, Louise Hemmerman, David Jou, David Loy, Raimon Panikkar (†), Alberto Perales, Xavier Perarnau, Marc Pigem, Octavi Piulats, Rafael Redondo, Xavier Serra Narciso, David Steindl-Rast, Steve Talbott y José María Valverde (†).

I

UNA SITUACIÓN SIN PRECEDENTES

1 MIRAR LA REALIDAD CON SINCERIDAD

Laudato si' afirma que el mundo se encuentra hoy en una situación insostenible. Nuestro «contexto actual» tiene algo «de inédito para la historia de la humanidad» (§ 17). Si somos lo bastante valientes como para ser receptivos, podemos sentir un «gemido de la hermana tierra, que se une al gemido de los abandonados del mundo, con un clamor que nos reclama otro rumbo» porque nunca habíamos «maltratado y lastimado tanto nuestra casa común como en los últimos dos siglos» (§ 53):

> La esperanza nos invita a reconocer que siempre hay una salida [...]. Sin embargo, parecen advertirse síntomas de un punto de quiebre [...]. Más allá de cualquier predicción catastrófica, lo cierto es que el actual sistema mundial es insostenible desde diversos puntos de vista (§ 61).

A mediados del siglo XX, el filósofo Romano Guardini reconocía que «desde Hiroshima sabemos que vivimos al borde del desastre, y que ahí seguiremos mientras perdure la historia» (ENM 170 [243]). En dos obras cruciales, *Das Ende der Neuzeit* ['El final de la era moderna'] y *Die Macht* ['El poder'], Guardini se muestra especialmente preocupado por el peligro que genera el constante aumento de nuestro poder sobre el mundo y sobre los demás:

> La ciencia y la técnica han puesto a nuestro alcance las energías tanto de la naturaleza como del ser humano de un modo que pueden tener lugar catástrofes —agudas y crónicas— de dimensiones incalculables. Con todo el derecho del mundo se puede decir que a partir de ahora empieza un nuevo período de la historia. A partir de ahora y para siempre, el ser humano vivirá al borde de un peligro que crece siempre más y que afecta al conjunto de su existencia. (ENM 76 [101])

Guardini se apoya en una reflexión de Jean Gebser:

> La crisis de nuestro tiempo y de nuestro mundo [...] parece precipitarse hacia un acontecimiento que, visto desde nuestra perspectiva, solo se puede describir con la expresión «catástrofe global». [...] Y nosotros deberíamos tener presente, con la obligada sobriedad, que hasta ese acontecimiento tan solo nos quedan unas décadas. Este plazo lo determina el incremento de las posibilidades técnicas, que es directamente proporcional a la disminución de la conciencia responsable del hombre. (ENM 147-148 [219])[1]

A esta situación, que Jean Gebser ya describe como «una crisis mundial y una crisis de la humanidad»,[2] se ha sumado desde entonces un incremento exacerbado de los retos ecológicos y

---

[1] La fuente de esta cita (que Guardini no menciona) es el prefacio (datado en Pentecostés de 1949 en Burgdorf, cantón de Berna, Suiza) de *Ursprung und Gegenwart* (Jean GEBSER, *Gesamtausgabe*, vol. II, Novalis, Schaffhausen, 1999 [1949], p. 16; *Origen y presente*, Atalanta, Vilaür, 2011, p. 16).

[2] GEBSER, *Ursprung und Gegenwart* (*Gesamtausgabe*, vol. II, p. 16); *Origen y presente*, p. 15.

sociales. En lo que respecta a los retos ecológicos, la encíclica menciona la «gravedad de la crisis ecológica» (§ 201), que incluye «el aumento de eventos meteorológicos extremos» (§ 23) y la «destrucción sin precedentes de los ecosistemas» (§ 24). Por su parte, el filósofo musulmán Seyyed Hossein Nasr afirmaba ya a finales del siglo XX que la crisis ecológica «es de la más extrema urgencia y gravedad, y quien se desentiende de ella simplemente se autoengaña o sueña despierto».[3]

En lo que respecta a los retos sociales, podemos preguntarnos «qué significa el mandamiento "no matarás" cuando "un veinte por ciento de la población mundial consume recursos en tal medida que roba a las naciones pobres y a las futuras generaciones lo que necesitan para sobrevivir"» (§ 95).[4] En el mundo de hoy «algunos se arrastran en una degradante miseria, sin posibilidades reales de superación, mientras otros ni siquiera saben qué hacer con lo que poseen, ostentan vanidosamente una supuesta superioridad y dejan tras de sí un nivel de desperdicio que sería imposible generalizar» (§ 90). Un informe de Oxfam International constató en el 2016 que «la crisis de las desigualdades globales está alcanzando nuevos extremos» y que el 1 % más rico de la población mundial ya posee más que el 99 % que somos todos nosotros.[5]

---

[3] Seyyed Hossein NASR, *The spiritual and religious dimensions of the environmental crisis*, The Temenos Academy, Londres, 1999, p. 5.

[4] *Laudato si'* cita aquí una declaración de los obispos de Nueva Zelanda del 2006. Hoy, en vez del 20 %, se puede hablar del 1 %.

[5] OXFAM INTERNATIONAL, *An economy for the 1 %* (*Briefing Paper*, núm. 210, 2016), p. 1. Este informe, *An economy for the 1 %*, recoge datos de Credit Suisse y constata que crece «la brecha entre los más ricos y los más pobres». Como muestra el estudio de Richard WILKINSON / Kate PICKETT, *The spirit level*, Allen Lane, Londres, 2009 (*Desigualdad*, Turner, Madrid, 2009), que compara datos

Dicho con palabras de *Laudato si'*:

> Las predicciones catastróficas ya no pueden ser miradas con desprecio e ironía. A las próximas generaciones podríamos dejarles demasiados escombros, desiertos y suciedad. El ritmo de consumo, de desperdicio y de alteración del medio ambiente ha superado las posibilidades del planeta, de tal manera que el estilo de vida actual, por ser insostenible, solo puede terminar en catástrofes, como de hecho ya está ocurriendo periódicamente en diversas regiones. (§ 161)

> La humanidad del período post-industrial quizás sea recordada como una de las más irresponsables de la historia. (§ 165)

La perspectiva que presenta el papa Francisco no es de ningún modo minoritaria, al menos entre quienes hacen el esfuerzo de «mirar la realidad con sinceridad» (§ 61). Ya en 1992, una declaración promovida por la Union of Concerned Scientists y firmada por mil setecientos científicos de primera línea, incluidos la mayoría de los premios nobeles de ciencia que había en aquel momento, advertía que si no hacemos un drástico cambio de rumbo, la Tierra acabaría siendo «incapaz de sostener la vida en la forma que hoy la conocemos».[6] Por su parte, el *Bulletin of the Atomic Scientists*,

---

de veintiuna sociedades económicamente avanzadas, hay una correlación entre el incremento de las desigualdades y el empeoramiento de los indicadores sociales y de salud en todo tipo de ámbitos: esperanza de vida, salud física y mental, proporción de población encarcelada, obesidad, confianza en los demás, rendimiento educativo, embarazos adolescentes, etc.

[6] El texto completo del «World scientists' warning to humanity (1992)» se encuentra en http://www.ucsusa.org/about/1992-world-scientists.html#.V3fW6a6LlL8. Un llamamiento semejante se hizo en el 2017.

una organización de científicos independientes fundada en 1945 por miembros del Proyecto Manhattan que decidieron «no desentenderse de las consecuencias de su trabajo», utiliza desde entonces un *doomsday clock* ('reloj del final de los tiempos') para indicar de manera simbólica lo cerca que estamos de una catástrofe global. En el peor momento de la Guerra Fría, este reloj se situó a solo 2 minutos de la catástrofe global, mientras que en 1991, con el final oficial de la Guerra Fría, se situaba a 17 minutos del final. Desde entonces, sin embargo, las manecillas de este reloj simbólico han ido indicando una situación cada vez más preocupante: se situó a 7 minutos de la medianoche en el 2002 y a 5 minutos en el 2012. En el 2016 estaba (por primera vez desde 1984) a solo 3 minutos de la catástrofe, y en enero del 2018, debido al impacto combinado del cambio climático, la eclosión tecnológica y la amenaza nuclear, se situó a solo 2 minutos.[7]

El científico más prestigioso de los últimos años, Stephen Hawking, afirmaba en una entrevista en el 2010 que «la humanidad corre el peligro de autodestruirse debido a nuestra codicia y estupidez». En el 2016, con el mismo entrevistador, Hawking reconocía que las cosas no habían mejorado, sino al contrario: «La contaminación del aire ha aumentado un 8 por ciento en los últimos cinco años. Más del 80 por ciento de los habitantes de áreas urbanas se exponen a niveles peligrosos de contaminación del aire».[8] Hawking se mostraba especialmente preocupado por las emisiones de dióxido de carbono y por el poder creciente de la (mal llamada)

---

[7] *Cf.* thebulletin.org/timeline.
[8] Entrevista de Larry KING, en www.rt.com/usa/348630-stephen-hawking-greed-stupidity/.

«inteligencia artificial», sobre todo en lo que respecta a sus aplicaciones militares.

Por su parte, el célebre sociólogo Zygmunt Bauman (fallecido, como Hawking, mientras se preparaban estas páginas) señalaba que necesitamos «una revisión y un replanteamiento radical de nuestra manera de vivir y de los valores que la guían» si queremos «evitar la catástrofe».[9] Ello nos interpela de manera profunda. Un sistema que por su propia naturaleza incrementa las desigualdades sociales y reduce la diversidad de la vida sobre la Tierra es lo contrario de lo que necesitamos.

2 EL FINAL DE UNA ERA Y LA NECESIDAD DE TRANSFORMACIÓN

Romano Guardini estaba convencido de que el mundo moderno se encuentra en su final, como argumenta en *Das Ende der Neuzeit*: «En lo esencial, la Edad Moderna ha llegado a su fin» (ENM 9 [31]).[10] También estaba convencido de ello Raimon Panikkar, a quien en 1971 se ofreció la cátedra que Guardini había ocupado de 1948 a 1962 en la Universidad de Múnich.[11] Panikkar estaba convencido de que hemos llegado al final de un milenario proceso histórico y de que hoy

---

[9] Zygmunt BAUMAN, *Does the richness of the few benefit us all?*, Polity, Cambridge, 2013, p. 68.

[10] «Die Neuzeit im Entscheidenden zu Ende gegangen ist.» La idea aparece reiteradamente en *Das Ende der Neuzeit*; por ejemplo: «la Edad Moderna llega a su final» («die Neuzeit geht zu Ende», ENM 46). *Das Ende der Neuzeit* se cita media docena de veces en el capítulo tercero de *Laudato si'*, y vuelve a ser citado dos veces más en el capítulo final.

[11] «En Múnich el decano de Filosofía me ha ofrecido la cátedra que había sido de Guardini (¡y luego de Rahner!), que se concentra en Ciencias

necesitamos una profunda transformación de la conciencia, a la que se refería con el término griego *metanoia* ('más allá' [*meta*] 'de la mente' [*nous*]):

> Es difícil negar que el mundo [...] ha emprendido un mal camino que ha de desembocar en una catástrofe sociopolítica si no se produce una *metanoia* cultural» (ORP VI.1, 322).

> En las últimas décadas, el descubrimiento del genoma, los trasplantes de órganos, la clonación y los alimentos transgénicos han llevado al hombre a considerarse de nuevo dueño del universo y de su suerte. Los frenos morales no sirven, como no han servido nunca. El problema es más profundo: no basta una reforma, hace falta un cambio de civilización, y para que este ocurra es necesario un cambio antropológico, imposible sin una *metanoia* espiritual. (ORP VIII, 301-302)

> Se ha convertido en un tópico afirmar que estamos entrando en una nueva etapa de la historia humana, pero el ritmo de la vida moderna deja poco tiempo y poco ocio para reflexionar sobre el significado del cambio radical y de la profunda conversión (*metanoia*) que la humanidad necesita a fin de superar nuestra grave situación actual (ORP X.1, 114).[12]

---

de las Religiones, pero he dado mi palabra a California.» Carta de Raimon Panikkar a Enrico Castelli fechada el 23 de julio de 1971 en Vārāṇasī (citada en Maciej BIELAWSKI, *Raimon Panikkar. Una biografía*, Fragmenta, Barcelona, 2014, p. 262). La Cátedra Romano Guardini de la Ludwig-Maximilians-Universität de Múnich fue ocupada más recientemente por Rémi Brague, que es profesor emérito de ella desde el 2012.

[12] Cita de *The rhythm of Being*, texto que se remonta a las Gifford Lectures que Panikkar impartió en la Universidad de Edimburgo del 25 de abril al 12 de mayo de 1989, y que fue finalizado en Tavertet en su último año de vida. Sobre la *metanoia*, *cf.* los textos citados *infra*, en la sección «El origen interior de las crisis exteriores», p. 122-123.

También el eminente historiador John Lukács está convencido desde hace décadas de que vivimos a las puertas «del final de una era muy especial, la que empezó hace unos quinientos años».[13] La desorientación, la corrupción y las desigualdades, ¿no están creciendo hasta niveles escandalosos, propios del final de una civilización?[14] Para este historiador humanista, norteamericano de origen húngaro, nuestro final de época nos obliga a repensar radicalmente nuestros modelos de conocimiento y nuestro lugar en el mundo.[15]

3 SUPERAR LA FRAGMENTACIÓN DEL CONOCIMIENTO

Es urgente comprender que «los problemas del mundo no pueden analizarse ni explicarse de forma aislada» (§ 61), porque las cosas «en la realidad están entrelazadas» (§ 111). No podemos entenderlas si persistimos en analizarlas de manera fragmentaria:

> ¿Qué tipo de mundo queremos dejar a quienes nos sucedan, a los niños que están creciendo? Esta pregunta no afecta solo al ambiente de manera aislada, porque no se puede plantear la cuestión de modo fragmentario. (§ 160)

---

[13] John Lukács, *At the end of an age*, Yale University Press, New Haven, 2002, p. 9. *Cf.* también Lukács, *The passing of the Modern Age*, Harper & Row, Nueva York, 1970.

[14] *Ibid*, p. 9.

[15] *Ibid*, p. 44: «Al final de una época, debemos comprometernos en un replanteamiento radical del 'Progreso', de la 'Historia', de la 'Ciencia', de las limitaciones de nuestro conocimiento, de nuestro lugar en el universo.»

Los conocimientos fragmentarios y aislados pueden convertirse en una forma de ignorancia si se resisten a integrarse en una visión más amplia de la realidad. (§ 138)

Tenemos todo tipo de datos sobre las crisis ecológicas y humanas del mundo actual. Pero a menudo no tenemos manera de integrar o de asimilar plenamente dichos datos. El énfasis en el fragmento suele eclipsar la conciencia del contexto, de las relaciones y de las implicaciones. Raimon Panikkar a menudo advertía que, al especializarnos y «olvidar el todo», se ha producido una «fragmentación del conocimiento» que a su vez conlleva «la fragmentación del conocedor» (ORP X.1, 414):

> La especialización forzada de la vida moderna, vinculada a la máquina, nos ha llevado a lo que se ha definido como la «barbarie de la especialización». Pero lo peor de esta fragmentación del conocimiento es que contiene el peligro de hacernos caer en la *fragmentación de quien conoce, el hombre*. (ORP I.2, 211)

> El análisis pide especialización. La especialización del conocimiento acarrea la fragmentación de ese mismo conocimiento, y ha comportado la fragmentación del conocedor. Y por eso el hombre moderno anhela una sabiduría completa. […] El todo (*das Ganze*) no se deja alcanzar a través de la suma de sus partes. (ORP IX.1, 113-114)

Para superar la fragmentación de nuestro conocimiento y de nuestro ser, y para responder a los retos ecológicos y humanos de nuestro tiempo, necesitamos, como señala la encíclica, volver a formular preguntas de gran alcance:

> En toda discusión acerca de un emprendimiento, una serie de preguntas deberían plantearse en orden a discernir si aportará a un verdadero desarrollo integral: ¿para qué? ¿Por qué? ¿Dónde? ¿Cuándo? ¿De qué manera? ¿Para quién? ¿Cuáles son los riesgos? ¿A qué costo? ¿Quién paga los costos y cómo lo hará? (§ 185).
>
> Cuando nos interrogamos por el mundo que queremos dejar, entendemos sobre todo su orientación general, su sentido, sus valores. Si no está latiendo esta pregunta de fondo, no creo que nuestras preocupaciones ecológicas puedan lograr efectos importantes. Pero si esta pregunta se plantea con valentía, nos lleva inexorablemente a otros cuestionamientos muy directos: ¿para qué pasamos por este mundo?, ¿para qué vinimos a esta vida?, ¿para qué trabajamos y luchamos? (§ 160)

4 AUTOENGAÑO Y NEGACIÓN DE LA EVIDENCIA

No estamos a la altura de los retos contemporáneos. *Laudato si'* constata una actitud evasiva, «que consolida un cierto adormecimiento y una alegre irresponsabilidad» (§ 59), reforzada por el hecho de que los más poderosos «parecen concentrarse sobre todo en enmascarar los problemas o en ocultar los síntomas» (§ 26). Actuamos como si nada ocurriera:

> Como suele suceder en épocas de profundas crisis, que requieren decisiones valientes, tenemos la tentación de pensar que lo que está ocurriendo no es cierto. Si miramos la superficie, más allá de algunos signos visibles de contaminación y de degradación, parece que las cosas no fueran tan graves y que el planeta podría persistir por mucho tiempo en las actuales condiciones.

Este comportamiento evasivo nos sirve para seguir con nuestros estilos de vida, de producción y de consumo. (§ 59)

Una de las razones por las que no escuchamos —o a veces ni siquiera oímos— «el clamor de la tierra» y «el clamor de los pobres» (§ 49)[16] es el hecho de que «muchos profesionales, formadores de opinión, medios de comunicación y centros de poder» viven muy lejos (geográfica y figurativamente) de las personas y comunidades que más sufren:

> Viven y reflexionan desde la comodidad de un desarrollo y de una calidad de vida que no están al alcance de la mayoría de la población mundial. Esta falta de contacto físico y de encuentro, a veces favorecida por la desintegración de nuestras ciudades, ayuda a cauterizar la conciencia y a ignorar parte de la realidad. (§ 49)

> Los poderes económicos [...] tienden a ignorar todo contexto y los efectos sobre la dignidad humana y el medio ambiente. [...] Muchos dirán que no tienen conciencia de realizar acciones inmorales. (§ 56)

Nunca la humanidad había tenido a su alcance tanta información como hoy. Pero lo que prevalece es la «distracción constante» (§ 56), el «comportamiento evasivo» (§ 59) y los «análisis sesgados» (§ 49). «Es el modo como el ser humano se las arregla para alimentar todos los vicios autodestructivos: intentando no verlos, luchando para no reconocerlos, postergando las decisiones importantes, actuando como si nada ocurriera» (§ 59). Esto puede describirse perfectamente como

---

[16] Esta expresión, «clamor de la tierra, clamor de los pobres», fue popularizada por Leonardo Boff y da título a una de sus obras.

autoengaño, un término que, como veremos más adelante, ya utiliza Guardini (*Selbsttäuschung*, ENM 146 [217]). Guardini ya lamentaba que estamos «ante el caos» y que «esto es mucho más espantoso por el hecho de que la mayoría no lo ven de ningún modo», dado que aparentemente todo «funciona» (ENM 77 [102]).

Laudato si' no habla explícitamente de autoengaño, pero sí de «negación», de «ignorar u olvidar la realidad» e incluso de «mentira»:

> Las actitudes que obstruyen los caminos de solución, aun entre los creyentes, van de la negación del problema a [...] la confianza ciega en las soluciones técnicas. (§ 14)

> Ahora lo que interesa es extraer todo lo posible de las cosas por la imposición de la mano humana, que tiende a ignorar u olvidar la realidad misma de lo que tiene delante. [...] De aquí se pasa fácilmente a la idea de un crecimiento infinito o ilimitado, que ha entusiasmado tanto a economistas, financistas y tecnólogos. Supone la mentira de la disponibilidad infinita de los bienes del planeta. (§ 106)

La idea de autoengaño está implícita en la crítica a nuestra seducción por el consumismo:

> Los hábitos dañinos de consumo [...] no parecen ceder, sino que se amplían y desarrollan. [...] Si alguien observara desde afuera la sociedad planetaria, se asombraría ante semejante comportamiento, que a veces parece suicida. (§ 55)

El filósofo y teólogo Philip Sherrard también afirmaba que nuestro comportamiento tiene algo de suicida:

Toda nuestra forma de vida es humanamente y ambientalmente suicida, y si no la cambiamos radicalmente, no hay manera de que podamos evitar una catástrofe cósmica.[17]

Para Sherrard, esto se deriva del olvido de nuestra propia dignidad y de la dignidad del mundo, es decir, de «nuestra caída en una ignorancia cada vez mayor acerca de nuestra propia naturaleza, y por tanto también en una ignorancia cada vez mayor acerca de la naturaleza de todo lo que nos rodea».[18] Ello implica autoengaño, ceguera y alienación:

> Resulta casi innecesario decir que este estado de autoceguera y de autoalienación caracteriza a las colectividades sociales predominantes en el mundo de hoy.[19]

Más recientemente, el sociólogo Zygmunt Bauman ha denunciado un tipo de fundamentalismo que causa víctimas por doquier y que sin embargo no aparece como tal en las portadas de los periódicos: hoy vivimos, escribía Bauman, «en un planeta sumido en el fundamentalismo del crecimiento económico» (*economic growth fundamentalism*).[20] Si actuamos de este modo, continúa Bauman, es porque nos guían «presupuestos tácitos comúnmente aceptados como "obvios"», a pesar de que en el fondo sabemos que son creencias falsas y contraproducentes. Dos de estas falsas creencias son, según

---

[17] Philip SHERRARD, *Human image, world image*, Golgonooza, Ipswich, 1992, p. 1.
[18] *Ibid.*, p. 3.
[19] *Ibid.*, p. 172.
[20] Zygmunt BAUMAN, *Does the richness of the few benefit us all?*, Polity, Cambridge, 2013, p. 2.

Bauman, que «el crecimiento económico es la única vía para afrontar los retos» y que «el consumo siempre creciente o, más exactamente, una rotación cada vez más acelerada de nuevos objetos de consumo, es tal vez la única manera, o en cualquier caso la principal y la más efectiva, de satisfacer la búsqueda humana de la felicidad».[21] Bauman concluye que necesitamos «salvar» al «mundo de la ceguera en que incurre» y de sus «consecuencias homicidas y suicidas».[22]

El conocimiento de los efectos contraproducentes del consumismo (para nosotros, para los demás y para el mundo) nos llega una y otra vez, pero el entorno psicológico y social hace que este conocimiento acabe ignorado, sepultado bajo diversas capas de encubrimiento. Podemos distinguir tres capas de ocultación:

1 *Distracción*. A través de la publicidad, de las seducciones del consumo y de la aceleración de las comunicaciones y de los ritmos de vida, se va haciendo cada vez más difícil prestar atención a lo que es realmente importante: «la distracción constante nos quita la valentía de advertir la realidad» (§ 56).
2 *Engaño*. La «negación del problema» (§ 14) es una forma de engaño. Se hacen esfuerzos deliberados para ocultar o distorsionar la realidad que nos rodea, para «enmascarar los problemas» y «ocultar los síntomas» (§ 26).[23] Los «formadores de opinión, medios de comunicación y centros de poder» a veces nos ofrecen «análisis sesgados» (§ 49).

---

[21] *Ibid.*, p. 31.
[22] *Ibid.*, p. 94-95.
[23] En este sentido, Adorno hablaba de *Verblendungszusammenhang*, sistema de encegamiento o de ocultación.

3 *Autoengaño.* La tendencia natural a dar la espalda a lo que nos resulta incómodo o insoportable hace que miremos a otro lado y alejemos de la conciencia lo que no queremos o no sabemos aceptar. Se trata de una negación, más o menos inconsciente, de lo que en el fondo sabemos que es cierto —mecanismo de defensa que en la literatura psicológica, sobre todo a partir de Freud, se llama *Verneigung* en alemán y *denial* en inglés (traducido a veces como *negación* o *denegación*, en ambos casos en un sentido distinto del que habitualmente tienen estos vocablos) y que claramente comporta un autoengaño (*Selbsttäuschung, self-deception*). Nos pueden engañar contra nuestra voluntad, pero el autoengaño es responsabilidad nuestra y la encíclica nos lo recuerda: nuestros actos revelan que querríamos «cauterizar la conciencia» (§ 49) y «pensar que lo que está ocurriendo no es cierto» (§ 59); hay «un desinterés» (§ 117) y una tendencia «a ignorar todo contexto y los efectos sobre la dignidad humana y el medio ambiente», hasta el punto de que muchos «dirán que no tienen conciencia de realizar acciones inmorales» (§ 56).

Si leemos a pensadores importantes de los años cincuenta, sesenta y setenta del siglo XX —como Guardini, Heidegger, Adorno, Horkheimer, Marcuse, Fromm, Mumford, Arendt, Peccei, Schumacher, Illich o Panikkar— parece claro que la conciencia de la gravedad de los retos que afronta la humanidad era entonces mayor que hoy. Y no es que los desafíos ahora sean menores: siguen en pie todos los retos que ellos observaban, la mayoría se han vuelto mucho más graves y se han sumado otros que ellos no hubieran podido prever. Pero en vez de crecer en conciencia y en responsabilidad, da la impresión de que hoy dedicamos más energía que nunca a consumir distracciones y a aparentar. Parece que, a fin de seguir participando en el gran espejismo del mundo contemporáneo, «para seguir con nuestros estilos de vida, de producción y de consumo», hemos ido cayendo en la distracción, en el engaño y en un «adormecimiento y una alegre irresponsabilidad» (§ 59). Adormecimiento: ¿acaso el *homo sapiens* ('que sabe' y, por tanto, mínimamente despierto) está derivando hacia un *homo absortus* (adormecido y absorto)?

II

HOMO ABSORTUS: TECNOUTOPÍAS Y ESPEJISMOS

1 EL ESPEJISMO CONTINUISTA

El crecimiento ilimitado de la economía es imposible porque la Tierra tiene límites biofísicos y geológicos. En la actualidad consumimos la abundancia que nos proporciona la Tierra a un ritmo mucho mayor del que permitiría reponerlos, hipotecando así la capacidad de recuperación de los ecosistemas de los que la humanidad y el conjunto de la vida dependen. La huella ecológica de la humanidad superó la capacidad de regeneración de la Tierra en los años ochenta del siglo XX. En la mayoría de países occidentales consumimos como mínimo el triple de lo que sería sostenible.

Ya en 1972, el informe *The limits to growth* ('Los límites del crecimiento') demostraba que el crecimiento material no puede continuar de modo ilimitado y que era necesario revertir la tendencia de las sociedades económicamente más aceleradas a consumir cada vez más materiales y energía.[1] Más de cuatro décadas después, a pesar de numerosas

---

[1] Así lo resumía Aurelio Peccei cinco años después (*The human quality*, Pergamon, Oxford, 1977, p. 84): «el informe demuestra que el crecimiento material no puede continuar por siempre».

iniciativas notables orientadas a la sostenibilidad, nuestro consumo es mayor que nunca y la situación es mucho más insostenible. *Laudato si'* constata el «crecimiento voraz e irresponsable» (§ 193) que se ha producido en las últimas décadas y cuyos efectos tenderán a empeorar «si continuamos con los actuales modelos de producción y de consumo» (§ 26). El sociólogo Zygmunt Bauman alerta sobre

> el desastre social que puede sobrevenir a un planeta víctima de la orgía del consumismo, secundado e instigado por el mercado de consumo que se ha apoderado del anhelo humano de felicidad, un desastre que nos sobrevendrá casi con toda certeza si no hacemos nada para intentar mitigar o poner fin a esta situación y si permitimos que las cosas «continúen como siempre».[2]

Podemos llamar espejismo *continuista* a la creencia de que, en una situación sin precedentes como la nuestra, y pese a las advertencias que llegan de todas partes, podemos dejar frívolamente que las cosas «continúen como siempre».

E. F. Schumacher, economista de origen alemán que ejerció altos cargos oficiales en Gran Bretaña y que fue uno de los padres de la economía alternativa, señalaba que «nos hemos alejado de la realidad e inclinado a pensar que todo lo que no hemos hecho nosotros mismos es algo sin valor».[3] Schumacher, que propuso una «economía budista» a pesar de

---

[2] Zygmund BAUMAN, *Does the richness of the few benefit us all?*, Polity, Cambridge, 2013, p. 67.

[3] Ernst F. SCHUMACHER, *Small is beautiful*, Abacus, Londres, 1974, p. 11 (*Lo pequeño es hermoso*, Hermann Blume, Madrid, 1978, p. 14). De aquí en adelante, cito por la edición original y, entre paréntesis, doy la paginación de la edición castellana.

que su espiritualidad acabó arraigando en la órbita católica (como muestra su libro filosóficamente más importante, *Guía para los perplejos*),[4] advertía que las teorías económicas tratan las cosas «de acuerdo con su valor de mercado y no de acuerdo con lo que ellas son intrínsecamente», y que por ello «es inherente a la metodología de la economía el *ignorar la dependencia del hombre del mundo natural*».[5] Más de cuatro décadas después, como señala la encíclica, nos encontramos dentro de «un sistema de relaciones comerciales y de propiedad estructuralmente perverso» (§ 52):

> La alianza entre la economía y la tecnología termina dejando afuera lo que no forme parte de sus intereses inmediatos. [...] Cualquier intento de las organizaciones sociales por modificar las cosas será visto como una molestia provocada por ilusos románticos o como un obstáculo a sortear. (§ 54)

> Si aumenta la producción, interesa poco que se produzca a costa de los recursos futuros o de la salud del ambiente. (§ 195)

Sabemos perfectamente que «es insostenible el comportamiento de aquellos que consumen y destruyen más y más» (§ 193), pero los ecosistemas y las comunidades siguen siendo «depredados a causa de formas inmediatistas de entender

---

[4] Ernst F. SCHUMACHER, *A guide for the perplexed*, Harper & Row, Nueva York, 1986 (*Guía para los perplejos*, Debate, Madrid, 1981). En el acercamiento de Schumacher al catolicismo influyó su sintonía con las encíclicas de orientación social, de la *Rerum novarum* a la *Mater et magistra*. El propio Schumacher explica su proceso de conversión desde la visión científica del mundo a una visión cristiana en su artículo «This I believe...» (*This I believe and other essays*, Green Books, Totnes, 2004, p. 215-218).

[5] SCHUMACHER, *Small...*, p. 36 (*Lo pequeño...*, p. 38); la cursiva es del original.

la economía y la actividad comercial y productiva» (§ 32). A pesar de que presume de ser racional, la economía contemporánea está impregnada de irracionalidad:[6] «La producción no es siempre racional, y suele estar atada a variables económicas que fijan a los productos un valor que no coincide con su valor real» (§ 189). Prevalece «una concepción mágica del mercado» (§ 190) que destruye el bien común de la sociedad y el equilibrio ecológico. El mercado es «divinizado», como ya afirmaba el papa Francisco en el 2013: «cualquier cosa que sea frágil, como el medio ambiente, queda indefensa ante los intereses del mercado divinizado, convertidos en regla absoluta».[7] No faltan estudios que describen la economía contemporánea como una falsa religión centrada en el dios Mercado.[8] Los problemas de nuestro mundo son indisociables del hecho de que la falsa religión economicista ha eclipsado a la verdadera espiritualidad:

> A medida que nos hemos ido alejando de una comprensión religiosa del mundo, hemos empezado a esforzarnos en objetivos mundanos, con un celo religioso que crece siempre más por el hecho de que nunca conseguimos alcanzarlos. La solución a las catástrofes ambientales que ya han empezado, y al deterioro social

---

[6] *Cf.* la sección 28, «Economía y delirio», de Jordi PIGEM, *La nueva realidad. Del economicismo a la conciencia cuántica*, Kairós, Barcelona, 2013, p. 82-86.

[7] Cita de *Evangelii gaudium* (*La alegría del Evangelio*, 24 de noviembre del 2013), § 56, reproducida en *Laudato si'*, § 56.

[8] *Cf.* «The religion of the Market», en David LOY, *A buddhist history of the West*, State University of New York Press, Albany, 2002, p. 197-201: «nuestro sistema económico actual también debe ser entendido como nuestra religión, porque ha venido a ocupar la función que la religión tenía entre nosotros. La economía es menos una ciencia que la ideología de esta nueva religión, y su dios, es el Mercado [...]» (p. 197).

que padecemos, llegará cuando este impulso espiritual que hemos reprimido sea redirigido hacia su verdadero camino, un camino [...] que incluye el esfuerzo de oponernos a la falsa religión de nuestra época.[9]

Necesitamos superar el economicismo, la tendencia a tratar la realidad primordialmente en términos económicos. Necesitamos «una mirada que vaya más allá de lo inmediato, porque cuando solo se busca un rédito económico rápido y fácil [...] el costo de los daños que se ocasionan por el descuido egoísta es muchísimo más alto que el beneficio económico que se pueda obtener» (§ 36).[10]

Hoy, sin embargo, los principales líderes políticos y los principales medios de comunicación siguen invitándonos a buscar el propósito de nuestra vida personal en el consumo y el propósito de la vida colectiva en el crecimiento del producto interior bruto (PIB). Se impone «un estilo hegemónico de vida ligado a un modo de producción» consumista (§ 145). Y ello se basa en un espejismo que el fundador del Club de Roma, Aurelio Peccei, ya denunciaba en los años setenta del siglo XX:

> Hay una total falta de realismo en el imaginar ambiciosamente nuevos objetivos globales de crecimiento [...]. La humanidad está atrapada en un círculo vicioso. La publicidad incesante, que nos incita a consumir, y la propaganda a favor del crecimiento, despiertan una y otra vez en la gente nuevas esperanzas y expectativas.[11]

---

[9] *Ibid.*, p. 201.
[10] *Cf.* PECCEI, *The human quality*, p. 92: «el *leitmotiv* del beneficio y los rendimientos rápidos de las inversiones que motiva las actividades económicas del presente es lo contrario de lo que es necesario para administrar adecuadamente los recursos materiales que posee la humanidad».
[11] *Ibid.*, p. 93.

Ante esta situación, «los diseños políticos no suelen tener amplitud de miras» (§ 57). «La política y la empresa reaccionan con lentitud, lejos de estar a la altura de los desafíos mundiales» (§ 165). Hay «declamaciones superficiales» y «acciones filantrópicas aisladas» (§ 54), pero «el discurso del crecimiento sostenible suele convertirse en un recurso diversivo y exculpatorio [...] dentro de la lógica de las finanzas y de la tecnocracia», y «la responsabilidad social y ambiental de las empresas suele reducirse a una serie de acciones de *marketing* e imagen» (§ 194). Como advierte Bauman, no podemos continuar por este camino, no podemos permitir que las cosas «continúen como siempre». Toda solución que no implique «un cambio radical a la altura de las circunstancias [...] puede convertirse en un recurso diversivo» (§ 171): «No basta conciliar, en un término medio, el cuidado de la naturaleza con la renta financiera, o la preservación del ambiente con el progreso. En este tema los términos medios son solo una pequeña demora en el derrumbe» (§ 194).

2 EL ESPEJISMO DE LA ACELERACIÓN

Laudato si' constata que hay una «continua aceleración de los cambios de la humanidad y del planeta» (§ 18), así como una «intensificación de ritmos de vida y de trabajo» a la que llama «rapidación» (§ 18).

Hay un incremento de velocidad, es decir, aceleración, en todo tipo de procesos tecnológicos y en las actividades humanas ligadas a ellos. Un ejemplo de cómo todo está sometido a cambios cada vez más rápidos es la tendencia a que en todo tipo de lugares haya «intervenciones humanas que los modifiquen constantemente» (§ 151). Parece que, perpetuamente insatisfechos con el aquí-y-ahora, queremos estar siempre en movimiento y cambiar una y otra vez lo que nos rodea (con «obras» seguidas de otras «obras», no en el sentido moral o creativo, sino en el sentido urbanístico-especulativo).

Crece constantmente el alud de tareas, mensajes, reclamos e interrupciones que requieren una y otra vez nuestra atención:

> La naturaleza está llena de palabras de amor, pero ¿cómo podremos escucharlas en medio del ruido constante, de la distracción permanente y ansiosa o del culto a la apariencia? Muchas personas experimentan un profundo desequilibrio que las mueve a hacer las cosas a toda velocidad para sentirse ocupadas, en una prisa constante que a su vez las lleva a atropellar todo lo que tienen a su alrededor. (§ 225)

> La gente ya no parece creer en un futuro feliz […]. Toma conciencia de que el avance de la ciencia y de la técnica no equivale al avance de la humanidad y de la historia […]. La humanidad se ha modificado profundamente, y la sumatoria de constantes novedades consagra una fugacidad que nos arrastra por la superficie, en una única dirección. Se hace difícil detenernos para recuperar la profundidad de la vida. (§ 113)

Como es sabido, Pascal vio el origen de la infelicidad humana en el hecho de no saber estarse quieto en una habitación.[12] Tres siglos y medio después, lejos de haber aprendido

---

[12] Blaise PASCAL, *Pensées*, Gallimard, París, 2000, p. 118 [§ 126 Le Guern]): «tout le malheur des hommes vient d'une seule chose, qui est de ne savoir pas demeurer en repos dans une chambre».

a estar en paz con nosotros mismos, lo que hemos hecho es inventar distracciones cada vez más sofisticadas y seductoras. Estarse hoy quieto en una habitación significa, las más de las veces, que la atención ha huido del aquí-y-ahora y está absorta en una pantalla (de televisión, de móvil o de algún otro dispositivo electrónico).

No debería sorprendernos que el síndrome de hiperactividad sea cada vez más frecuente en una sociedad que, efectivamente, es hiperactiva. Ahora bien, ¿qué ganamos con esta aceleración? Ya a mediados del siglo XX, Romano Guardini denunciaba la «prisa que nos vacía» (*entleerende Hetze*) como un autoengaño (ENM 146 [217]). Y ponía este ejemplo:

> Cuando los medios de transporte son cada vez más rápidos y perfectos, ¿realmente ganamos tiempo con ellos? Sería así si el ser humano encontrara más tiempo de ocio y se volviera más tranquilo. ¿Es eso lo que ocurre? ¿No se muestra, por el contrario, cada vez más azuzado? El ahorro de tiempo conseguido con medios de transporte más rápidos, ¿no tiene en realidad el efecto de que comprime cada vez más cosas en su tiempo? (ENM 145 [216-217])

Rodeados de tecnología, ¿no tenemos cada vez más la impresión de que se nos acumulan las tareas pendientes y nos falta tiempo? Todo va más rápido, pero en vez de ganar tiempo a menudo nos resulta más escaso. El economista E. F. Schumacher constató a mediados del siglo XX que en la aceleración hay un espejismo:

> Cuando comencé a viajar por el mundo, visitando países pobres y ricos por igual, estuve tentado de formular la primera ley de la economía como sigue: «La cantidad de ocio real que una sociedad

disfruta tiende a estar en proporción inversa a la cantidad de maquinaria que emplea para ahorrar trabajo.»[13]

Una fórmula complementaria fue propuesta por Milan Kundera: «el grado de velocidad es directamente proporcional a la intensidad del olvido».[14]

También el filósofo y sacerdote Ivan Illich observó, hace más de cuatro décadas, espejismos relacionados con el incremento del uso y de la velocidad de los medios de transporte. Illich señalaba, por ejemplo, que la velocidad real del automóvil (o de cualquier medio de transporte mecanizado) ha de calcularse teniendo en cuenta el tiempo que trabajamos para pagar el vehículo y los gastos que genera (combustible, seguro, reparaciones, aparcamiento, impuestos directos, impuestos destinados a financiar carreteras…, y todavía podríamos añadir, por ejemplo, el coste ambiental y el coste de los accidentes). Desde esta perspectiva que toma en consideración el contexto real del vehículo, Illich llegaba a la siguiente conclusión:

> El americano típico consagra más de 1 600 horas por año a su automóvil: sentado dentro de él, en marcha o parado, trabajando para pagarlo, para pagar la gasolina, las llantas, los peajes, el seguro, las infracciones y los impuestos para las carreteras federales y los estacionamientos comunales. Le consagra cuatro horas al día en las que se sirve de él, se ocupa de él o trabaja para él. Aquí no se han tomado en cuenta todas sus actividades orientadas por el transporte: el tiempo que consume en el hospital, en el tribunal y en el taller mecánico […]. Estas 1 600 horas le sirven para

---

[13] SCHUMACHER, *Small…*, p. 124 (*Lo pequeño…*, p. 131).
[14] Milan KUNDERA, *La lentitud*, Destino, Barcelona, 1995, p. 45.

hacer unos 10 000 km de camino, o sea, 6 km en una hora. Es exactamente lo mismo que alcanzan los hombres en los países que no tienen industria del transporte.[15]

Un cálculo más reciente, aplicado a los automóviles franceses de principios del siglo XXI, da un resultado no muy distinto: una velocidad media real de 16,8 km/h.[16] Si en la estimación de Illich, a principios de los años setenta, el automóvil no iba prácticamente más rápido que una persona andando, a principios del siglo XXI sigue sin ir más deprisa que una bicicleta (que, a diferencia del automóvil, no fomenta el individualismo y la envidia y permite una velocidad más próxima a la escala humana).

Todo se acelera cada vez más. La prisa nos hace presas de ritmos ajenos, nos depreda y a la larga nos deprime. Etimológicamente, tanto *prisa* como *depresión* implican estar bajo presión (*prisa* viene del latín *pressus*, que significa 'apretado, estrujado').

> Los objetivos de ese cambio veloz y constante no necesariamente se orientan al bien común y a un desarrollo humano, sostenible e integral. El cambio es algo deseable, pero se vuelve preocupante cuando se convierte en deterioro del mundo y de la calidad de vida de gran parte de la humanidad. (§ 18)

La aceleración también se da en nuestro impacto global. Una organización científica multidisciplinar, el International Geosphere-Biosphere Programme (IGBP), constata que

---

[15] Ivan ILLICH, *Energía y equidad*, en *Obras reunidas*, Fondo de Cultura Económica, México, 2006, p. 337.

[16] Denis CHEYNET, «Automóvil y decrecimiento», en *Objetivo decrecimiento*, Leqtor, Barcelona, 2006, p. 161-164.

desde mediados del siglo XX se ha producido una aceleración sin precedentes de todo tipo de actividades humanas, en lo que llaman la *gran aceleración*:

> La segunda mitad del siglo XX es única en la historia de la existencia humana. Muchas actividades humanas alcanzaron puntos de despegue en algun momento del siglo XX y se aceleraron drásticamente hacia el final del siglo.[17]

El International Geosphere-Biosphere Programme ha elaborado dos docenas de gráficos para mostrarlo. La primera mitad de estos gráficos muestra el crecimiento acelerado de una docena de tendencias socioeconómicas (población mundial, proporción de población urbana, uso de energía primaria, uso de fertilizantes, uso del agua, producción de papel, transporte, telecomunicaciones y turismo, entre otras); la segunda docena de gráficos muestra la aceleración de los impactos en la biosfera (concentración de dióxido de carbono, metano, óxido nitroso y ozono estratosférico; acidificación de los océanos, captura de peces, acuicultura de gambas, nitrógeno en las aguas costeras, degradación del suelo, pérdida de bosques tropicales, temperatura de la superficie terrestre y degradación de la biosfera terrestre).

Raimon Panikkar veía la aceleración como una característica esencial, y preocupante, del mundo contemporáneo:

> La aceleración es el gran descubrimiento de la ciencia moderna. Tanto individual como colectivamente, la vida de la mayoría de nuestros contemporáneos se proyecta hacia delante, hacia la

---

[17] http://www.igbp.net/globalchange/greatacceleration.4.1b8ae20512db-692f2a680001630.html. *Cf.* también Will STEFFEN *et al.*, «The trajectory of the Anthropocene. The great acceleration», *The Anthropocene Review* (2015).

meta, hacia el premio, en medio de una implacable competencia. (ORP I.1, 80)

Empiezan a abundar estudios contemporáneos que critican la mayor de las penurias de la civilización tecnocrática acelerada: la falta de tiempo (convertido en objeto de consumo y de explotación). No es casualidad que los primeros estudios de Galileo trataran de la aceleración. (ORP VIII, 385)

El hombre contemporáneo vive en el estrépito de la «civilización» de las máquinas. Buena parte de la humanidad vive en un mundo […] sociológicamente obligado a una aceleración que rompe los ritmos silentes de la naturaleza. (ORP VIII, 391)

La civilización moderna, con su aceleración y su éxito a la hora de ofrecer la comodidad externa sin esfuerzo, hace difícil experimentar esos momentos en que sentimos lo real de esa manera inexpresable, trascendiendo […] todo individualismo egoísta. (ORP X.1, 146)

Cuando nos damos cuenta de que la aceleración es un espejismo, la opción obvia es desacelerar: «Tenemos que convencernos de que desacelerar un determinado ritmo de producción y de consumo puede dar lugar a otro modo de progreso y desarrollo» (§ 191).

3 EL ESPEJISMO CONSUMISTA

Consumir con sensatez es una actividad natural, pero hay algo claramente problemático en el consumismo, es decir, en la compulsión a consumir más allá de lo que es suficiente para una vida digna y plenamente satisfactoria. En

Laudato si' leemos que «el mundo del consumo exacerbado es al mismo tiempo el mundo del maltrato de la vida en todas sus formas» (§ 230), y que en la actualidad se ha impuesto una «lógica del "usa y tira", que genera tantos residuos solo por el deseo desordenado de consumir más de lo que realmente se necesita» (§ 123).

En las últimas décadas ha habido un incremento de la conciencia ecológica, pero el impacto social y ecológico del consumismo se ha ido expandiendo en no menor medida:

> Hay más sensibilidad ecológica en las poblaciones, aunque no alcanza para modificar los hábitos dañinos de consumo, que no parecen ceder sino que se amplían y desarrollan. Es lo que sucede, para dar solo un sencillo ejemplo, con el creciente aumento del uso y de la intensidad de los acondicionadores de aire. Los mercados, procurando un beneficio inmediato, estimulan todavía más la demanda. (§ 55)

Durante siglos nuestro consumo ha ido creciendo más y más. Un estudio comparativo de cincuenta y dos de las principales representaciones pictóricas de la última cena de Jesús de Nazaret con sus discípulos constata un dato curioso: a lo largo del segundo milenio y sobre todo a partir del siglo XIV, ha ido aumentando la cantidad de comida y el tamaño de los platos y de los trozos de pan representados.[18] En cualquier caso, el aumento del consumo se ha disparado especialmente en las últimas décadas, alcanzando niveles nunca vistos. Hoy tenemos, en amplios sectores de los países ricos

---

[18] Brian WANSINK / Craig S. WANSINK, «The largest Last Supper: depictions of food portions and plate size increased over the millennium», *International Journal of Obesity*, vol. 34, núm. 2 (2010), p. 943-944.

y en las capas privilegiadas de los países pobres, un «nivel escandaloso de consumo» (§ 172). Raimon Pannikar lo describía como el «pecado del consumismo» (ORP IX.1, 404), y señalaba que «nuestra enfermedad es la *pleonexia* […], literalmente, 'el deseo de tener (siempre) más'» (ORP II, 625).

El consumismo es el fenómeno tangible que más directamente se asocia con el hecho de que «el actual sistema mundial es insostenible» (§ 61). La sociedad de consumo deteriora la cohesión social y está chocando claramente contra los límites biofísicos de la Tierra. Este choque contra los límites implica que la sociedad de consumo no puede ser extrapolada en el espacio (no hay bastantes recursos para universalizar el nivel de consumo de las sociedades más ricas) ni, a pesar de lo que nos querrían hacer creer muchos anuncios, en el tiempo (la sociedad de consumo solo tiene futuro a muy corto plazo).

La aspiración al incremento ilimitado del consumo genera inseguridad psicológica y es contraproducente para la satisfacción personal. Es lo que podemos describir como «paradoja del consumismo». Como es obvio, en el caso de sociedades o personas en condiciones precarias, hay una clara correlación entre el aumento de los bienes materiales y el aumento del bienestar. Pero más allá de un cierto umbral de consumo de bienes materiales, la satisfacción personal no aumenta e incluso puede tender a disminuir, ya que generalmente el incremento del consumo va acompañado del incremento del estrés y de la disminución del ocio y del contacto con la familia, con los amigos y con la naturaleza. Allí donde tenemos datos fiables sobre períodos de tiempo prolongados, vemos que no hay correlación entre el aumento del bienestar material y el aumento de la felicidad. El profesor

Richard Layard, fundador del Centre for Economic Performance en la London School of Economics, señala que «para la mayoría de la gente en Occidente, la felicidad no ha aumentado desde 1950».[19]

Un artículo publicado en la revista *Science* en el 2006 concluía que la manera como tendemos a evaluar el bienestar de las personas, a partir de su bienestar material, es básicamente «ilusoria», y que las personas con ingresos por encima de la media no son claramente más felices, no dedican su tiempo a actividades que las hagan más felices y tienden a estar más tensas. Y añadía, en sintonía con muchos otros estudios, que el efecto de un incremento de ingresos sobre la felicidad es solo transitorio.[20]

Contrariamente a lo que era habitual en este campo, algunos estudios recientes habían mostrado una correlación entre el aumento del PIB y la satisfacción vital de los ciudadanos.[21] Esto se ha aclarado en un análisis posterior del experto probablemente más prestigioso en este ámbito, Richard Easterlin, profesor de economía en la Universidad del Sur de California. Teniendo en cuenta los principales estudios de los diez años previos, y basándose en datos de cincuenta y cinco

---

[19] Richard LAYARD, *Happiness. Lessons from a New Science*, Penguin, Londres, 2006, p. 29. *Cf.* los datos que presenta Layard en http://cep.lse.ac.uk/layard/annex.pdf.

[20] Daniel KAHNEMAN *et al.*, «Would you be happier if you were richer? A focusing illusion», *Science*, vol. 312, núm. 5782 (2006). *Cf.* también Leaf VAN BOVEN, «Experientialism, materialism, and the pursuit of happiness», *Review of General Psychology*, vol. 9, núm. 2 (2005).

[21] El artículo más citado en este sentido es Daniel W. SACKS *et al.*, «The new stylized facts about income and subjective well-being», *IZA Discussion Paper*, núm. 7105, Forschungsinstitut zur Zukunft der Arbeit / Institute for the Study of Labor, Bonn, 2012.

países de características diversas (Estados Unidos, países europeos, asiáticos, latinoamericanos y subsaharianos), Easterlin demuestra que los estudios que creían ver esta correlación confunden los resultados a corto plazo (donde sí se observa una correlación) con los resultados a largo plazo (donde la correlación acaba desapareciendo completamente). La satisfacción vinculada al incremento de los ingresos se desvanece con el tiempo —de la misma manera que tarde o temprano se desvanece la satisfacción por un aumento de sueldo o un coche nuevo—, y por lo tanto a la larga no hay correlación entre el aumento de la riqueza material y el aumento de la satisfacción personal. La conclusión es que «a largo plazo, las tendencias de la felicidad y de los ingresos no mantienen ninguna relación».[22] El aumento de los ingresos proporciona durante un corto período de tiempo un aumento de la satisfacción vital, pero esta tendencia desaparece a largo plazo.

El caso más espectacular, según Easterlin, es el de China: en dos décadas, su PIB per cápita se ha multiplicado por cuatro y, sin embargo, la satisfacción vital de los chinos no ha mejorado. En el caso de los Estados Unidos, la felicidad media de los ciudadanos registró un ligero pero continuo declive entre 1973 y 2007, y desde entonces este declive se ha agravado significativamente.[23] Como el mismo Easterlin señalaba años atrás: «Al fin y al cabo, el triunfo del crecimiento económico no es un triunfo de la humanidad sobre

---

[22] Richard EASTERLIN, «Happiness and economic growth: the evidence», *IZA Discussion Paper*, núm. 7187, Forschungsinstitut zur Zukunft der Arbeit / Institute for the Study of Labor, Bonn, 2013.
[23] *Ibid.*, figura 13.8.

las necesidades materiales; es más bien un triunfo de las necesidades materiales sobre la humanidad.»[24]

«Muchos saben que el progreso actual y la mera sumatoria de objetos o placeres no bastan para darle sentido y gozo al corazón humano, pero no se sienten capaces de renunciar a lo que el mercado les ofrece» (§ 209). En *The high price of materialism* ('El alto precio del materialismo'), el psicólogo Tim Kasser recoge datos científicos que muestran que el esfuerzo por conseguir dinero y fama «disminuye nuestra libertad personal» y «es contraproducente para nuestra necesidad de autenticidad y autonomía».[25] Como señala Kasser: «Los valores materialistas son contraproducentes para nuestro bienestar de tres maneras: alimentan nuestros más profundos sentimientos de inseguridad, nos hacen correr continuamente en carreras interminables para intentar demostrar nuestra competencia e interfieren en nuestras relaciones».[26] No satisfacen realmente nuestras necesidades de seguridad, protección, conexión con los demás, autoestima, autonomía y autenticidad, y hacen disminuir «la calidad de vida y la salud psicológica». En definitiva, los valores materialistas son contraproducentes para nuestro bienestar, para el de los demás y para la Tierra.[27] Cuanto más consumistas, más nos vaciamos interiormente y más aumenta nuestro impacto sobre las comunidades y ecosistemas de la Tierra:

---

[24] Richard A. Easterlin, *Growth triumphant. The 21st century in historical perspective*, University of Michigan, Ann Arbor, 2008, p. 154.
[25] Tim Kasser, *The high price of materialism*, The MIT Press, Cambridge, 2002, p. 73.
[26] *Ibidem*.
[27] *Ibid.*, p. 97.

En este contexto, no parece posible que alguien acepte que la realidad le marque límites. Tampoco existe en ese horizonte un verdadero bien común. Si tal tipo de sujeto es el que tiende a predominar en una sociedad, las normas solo serán respetadas en la medida en que no contradigan las propias necesidades. Por eso, no pensemos solo en la posibilidad de terribles fenómenos climáticos o en grandes desastres naturales, sino también en catástrofes derivadas de crisis sociales, porque la obsesión por un estilo de vida consumista, sobre todo cuando solo unos pocos puedan sostenerlo, únicamente podrá provocar violencia y destrucción recíproca (§ 204).

※

Hoy cualquier persona con un mínimo de capacidad de consumo (los más excluidos pueden ser una excepción) ha tenido noticia, en algún momento, de las graves consecuencias ecológicas y humanas del consumismo al que nos impulsa el mundo de hoy a través de la publicidad y de muchos otros incentivos. Pero es una característica fundamental de la sociedad de consumo el mostrarnos solo la deslumbrante superficie de las cosas y ocultar sistemáticamente su realidad subyacente: por ejemplo, el impacto ecológico y social de todo el proceso que hace que un producto llegue a nuestras manos, su impacto en nuestra salud o en la de quienes nos rodean, o su impacto posterior cuando el producto se convierte en residuo. A menudo, todo eso se nos oculta (y preferimos ignorarlo). No es solo que no veamos las consecuencias, sino que no queremos verlas y miramos hacia otro lado: «Es el modo como el ser humano se las arregla para alimentar todos los vicios autodestructivos: intentando no verlos, luchando para no reconocerlos, postergando las decisiones importantes, actuando como si nada ocurriera» (§ 59).

E. F. Schumacher denunciaba lo anómalo de una economía que «se mueve por una locura de insaciable ambición y se deleita en una orgía de envidia, siendo estos no meramente hechos accidentales sino las causas últimas de su éxito expansionista».[28] La codicia no es una virtud, sino todo lo contrario. Ninguna cultura humana había legitimado el lucro y la codicia como lo hace la nuestra. Ya en 1930 Keynes imaginaba un futuro en el que el afán de lucro y la codicia serán considerados «inclinaciones semipatológicas» que requieren la atención «de especialistas en enfermedades mentales»:

> El amor al dinero como una posesión —a diferencia del amor al dinero como un medio para los goces y las realidades de la vida— será reconocido como lo que es, una morbosidad en cierta manera repugnante, una de aquellas inclinaciones semipatológicas y semicriminales que se pasan con escalofrío a los especialistas en enfermedades mentales.[29]

Richard Layard afirma que la economía no se tiene que centrar en el dinero, sino en el bienestar y la felicidad de las personas, y muestra que la búsqueda individual de la felicidad no lleva a ninguna parte: «Si lo único que te importa es conseguir lo mejor para ti mismo, la vida se convierte en demasiado estresante, demasiado solitaria; tarde o temprano fracasarás. Has de sentir que existes para algo mayor.»[30]

---

[28] Schumacher, *Small...*, p. 24-25 (*Lo pequeño...*, p. 27-28).
[29] John Maynard Keynes, «Economic possibilities for our grandchildren», en *Essays in Persuasion*, W. W. Norton, Nueva York, 1963, p. 358-373.
[30] Layard, *Happiness*, p. 234.

Hay un número creciente de personas que deciden practicar la simplicidad voluntaria, aun reduciendo su consumo y consiguiendo una vida más satisfactoria. La reducción voluntaria del consumo hace ganar en tiempo libre y calidad de vida, libra a la Tierra de una parte de nuestra presión y contribuye a la justicia global (al liberar recursos para el uso de sociedades más necesitadas). El hecho de que ya estemos chocando contra los límites biosféricos implica que tenemos que aprender a vivir mejor con menos y a pasar del acumular al *bien-estar*: el estar bien con nosotros mismos y con el mundo.

Laudato si' hace una invitación a la sobriedad, señala que «ha llegado la hora de aceptar cierto decrecimiento» (§ 193) y afirma la necesidad de aprender a vivir mejor con menos:

> La constante acumulación de posibilidades para consumir distrae el corazón e impide valorar cada cosa y cada momento. En cambio, el hacerse presente serenamente ante cada realidad, por pequeña que sea, nos abre muchas más posibilidades de comprensión y de realización personal. (§ 222)
>
> La sobriedad que se vive con libertad y conciencia es liberadora. [...] Quienes disfrutan más y viven mejor cada momento son los que dejan de picotear aquí y allá, buscando siempre lo que no tienen, y experimentan lo que es valorar cada persona y cada cosa, aprenden a tomar contacto y saben gozar con lo más simple. [...] La felicidad requiere saber limitar algunas necesidades que nos atontan, quedando así disponibles para las múltiples posibilidades que ofrece la vida. (§ 223)

La tesis doctoral de Filka Sekulova (*On the economics of happiness and climate change*, defendida en la Universidad

Autónoma de Barcelona en mayo del 2013) explora la relación entre felicidad, ingresos y factores ambientales. Una parte importante de esta tesis está basada en encuestas realizadas en el 2011 en los diferentes distritos de la ciudad de Barcelona, a partir de una muestra de 950 personas seleccionadas al azar. El análisis de los datos de esta encuesta sugiere que en Barcelona hay una correlación positiva entre nivel de ingresos y satisfacción personal hasta los 1 750 euros mensuales (21 000 euros al año), y una correlación *negativa* a partir de este nivel de ingresos.[31] Otro resultado, todavía más curioso, es que las personas que entre el 2009 y el 2011 habían visto disminuir sus ingresos expresaban un nivel de satisfacción vital mayor. Este resultado, que encaja con otros estudios sobre el tema, podría tener que ver con el hecho de que las personas que ven disminuir sus ingresos a menudo pasan a tener más autonomía y más tiempo libre para dedicarse a las actividades que realmente las motivan.[32]

꙳

Raimon Panikkar escribía que «el afán de consumismo» se extinguirá cuando seamos capaces de «gozar del sentido profundo de la vida, que es lo que todas las tradiciones han entendido por sabiduría»:[33]

---

[31] Filka SEKULOVA, *On the economics of happiness and climate change*, Universidad Autónoma de Barcelona / ICTA, Bellaterra, 2013, p. 36-37.
[32] *Ibid.*, p. 40-43 y 79.
[33] Raimon PANIKKAR, «Pròleg a l'edició catalana» de *Invitació a la saviesa* (incluido en la edición catalana de ORP I.2: *Espiritualitat, el camí de la Vida*, Fragmenta, Barcelona, 2012, p. 405).

La vida de un hombre (*zōē*), dice el Evangelio, después de criticar la *pleonexia* (el hecho de [querer] tener más que los otros), no consiste en lo que se posee, sino en lo que se *es*. Y este *es*, despojado de todo lo que se *tiene*, incluidos el talento y la salud, es precisamente Vida. (ORP I.1, 409)

Éticamente, más allá de cierto umbral, la ostentación es obscena, sobre todo hoy, en un mundo de desigualdades exacerbadas. Tal vez habría que establecer unos «límites más allá de los cuales el consumo y el despilfarro son considerados pecaminosos, o incluso criminales».[34] Los recursos (económicos, materiales, energéticos) que sostienen la ostentación podrían curar muchas heridas, saciar mucha hambre, apaciguar mucha sed. Oímos «el gemido de la hermana tierra» y «el clamor de los pobres» mientras perdura la insostenible ostentación.

4 EL ESPEJISMO DE LA SEGURIDAD

En *Das Ende der Neuzeit* (1950), el texto de Guardini que reiteradamente cita el papa Francisco en *Laudato si'*, hay una crítica a la obsesión moderna por la seguridad. Guardini lamenta el carácter «adormecedor de una cultura segura de sí misma y orientada a la seguridad» (ENM 76 [101]) y da un ejemplo sintomático:

---

[34] PECCEI, *The human quality*, p. 135. Señalemos que Peccei lo planteaba hace ya cuatro décadas, cuando los niveles de «consumo y despilfarro» eran irrisorios comparados con los de hoy. Este tipo de límite-techo para el consumo ha sido también recomendado por el economista norteamericano Herman Daly.

> Esto se expresa de muchas formas, pero hay una que resulta especialmente representativa: el sistema moderno de seguros. [...] Todas las eventualidades de la vida son «previstas», en función de su frecuencia e importancia, y neutralizadas. [...] Los acontecimientos decisivos del curso de la vida humana: la concepción, el nacimiento, la enfermedad y la muerte, pierden su carácter misterioso [...], quedan «anestesiados». (ENM 82-83 [107-108])

En nuestros días, a veces «los acontecimientos decisivos del curso de la vida humana» son literalmente «anestesiados». Por ejemplo, hay una tendencia a administrar sedantes de manera sistemática, incluso cuando no son en absoluto necesarios, a la gente mayor que se encuentra próxima al umbral de la muerte, hipermedicalizando el rito de paso que la muerte implica en detrimento de su dimensión existencial.

En *Die Macht*, publicado un año más tarde, Guardini insiste en el tema de los seguros:

> Imaginemos que alcanzamos la finalidad última del sistema de seguros, y creamos una organización que comprende a todos los ciudadanos y que tiene en cuenta todas las posibilidades de riesgo: en un sistema así, ¿qué se hará, a la larga y en general, del esfuerzo consciente y de la reflexión, de la autonomía personal y del carácter, de la confianza en la vida y del estar preparado para lo que venga? Un sistema de previsión automática como este, ¿no sería un sistema que nos inhabilita? (ENM 145)

Un mundo en que todo estuviera asegurado, automatizado y solucionado —con tecnologías, pongamos, 100.0 (cien punto cero)—, ¿no resultaría pronto muy aburrido? ¿Qué sentido tendría ahí la vida? La vida tiene sentido porque es un camino con retos y riesgos. En la utopía de la absoluta seguridad, ¿no aumentaría el vacío existencial que impregna la vida contemporánea?

El énfasis en los seguros es sintomático de la pérdida de una dimensión última que dé sentido a la existencia, pérdida que correlativamente hace aumentar el miedo a la muerte. Revela la pérdida de confianza en una armonía última subyacente al curso de los acontecimientos, armonía última a la que se ha llamado *providencia* en la tradición cristiana y *karma* en diversas tradiciones orientales, y a la que ya se refería, entre otros, Heráclito («la armonía invisible es más fuerte que la visible»). El énfasis en los seguros implica que los acontecimientos siguen un curso errático y no responden de ningún modo a nuestras intenciones, nuestras peticiones o nuestras oraciones. También es síntoma de un mundo individualista: ya no confiamos plenamente en que nuestra red de relaciones sociales nos pueda apoyar en caso de necesidad. Necesitamos seguros porque ya no hallamos seguridad en nuestra experiencia interior. Esto, claro está, queda muy lejos de la invitación evangélica a confiar en el curso de los acontecimientos, tal como se expresa en Mt 6,25-34 y Lc 12,22-31 («Mirad las aves del cielo, que no siembran ni cosechan, y no tienen graneros [...]», Mt 6,26, citado en § 96).

La orientación excesiva hacia la seguridad nos lleva a una concepción mecánica y desencantada de la existencia. En palabras de Guardini, «el vínculo entre los acontecimientos que constituyen la vida ya no se presenta como providencia [...] sino como mera sucesión de causas y efectos empíricos», hasta el punto de que el sistema moderno de seguros implica la «remoción de todo trasfondo religioso» (ENM 82 [10]).

La seguridad externa es necesaria, sin duda. Pero la obsesión por la seguridad fomenta la desconfianza y erosiona el núcleo de la experiencia vital. Panikkar asociaba la obsesión por la seguridad con la voluntad de certeza absoluta que caracteriza a la cultura moderna desde Descartes:

> De la obsesión por la *certeza* de René Descartes se ha pasado, en nuestro tiempo, a la obsesión por la *seguridad*. Los ejemplos huelgan: hemos caído en la patología de la seguridad. (ORP VI.1, 268)

> [...] es instructivo advertir que, desde Descartes hasta nuestros días, *seguridad* y *certeza* son sinónimos: para que una cosa sea cierta ha de ser segura. Esto comporta implicaciones sociológicas y políticas muy considerables: la *certitudo* de Descartes da paso al estado de seguridad. (ORP IX.1, 303)

Una cultura centrada en la seguridad es una cultura centrada en el miedo, es decir, en el ego.

※

La voluntad de asegurarlo todo va en dirección contraria a la actitud confiada y espontánea que es esencial para toda vida sana. Guardini se atreve a poner como ejemplo la medicina moderna. «Ninguna persona razonable dudará de la importancia de los logros médicos», reconoce. Ahora bien, la práctica médica moderna se inscribe dentro de una compleja totalidad que incluye «la actitud del ser humano moderno, como paciente y como médico, ante la salud y la enfermedad» y un «gigantesco aparato» (*ungeheure Apparat*) al cual se ha de adaptar el ser humano. Si tenemos todo eso en cuenta, se pregunta Guardini,

¿salimos realmente ganando? ¿O acaso, por mencionar solo un aspecto, no resulta que, a pesar de los métodos y conocimientos exactos, se pone en peligro precisamente el fundamento de toda salud y toda curación, es decir, la voluntad interior de salud, la confianza vital, la seguridad instintiva y la capacidad de renovación de la persona viviente? (ENM 144-145 [215-216])

Panikkar veía la aceptación de la contingencia y la incertidumbre como esencial para una vida plena:

> No saber vivir en la inseguridad —y en el riesgo— demuestra falta de madurez espiritual y de profundidad intelectual. (ORP I.1, 55)

> La vida es riesgo (y belleza, por tanto). (ORP VI.1, 307)

> Si la vida misma no vive en nosotros, en nuestras palabras, en nuestro comportamiento, en lo que creemos y hacemos; si experimentamos solo lo que nos parece seguro, agradable, no peligroso, entonces no vivimos. La vida no vivida se venga con la muerte. La vida quiere vivir, pero la vida reprimida busca la muerte. Los acontecimientos trágicos de nuestro siglo, que han amemazado una civilización basada en el orden y en la seguridad, deberían servirnos de advertencia. (ORP I.2, 531-532)

La búsqueda de la seguridad y la certeza no es lo mismo que la búsqueda de la verdad. La vida está llena de verdades holísticas y sutiles que no se dejan atrapar con la rígida red de la certeza. No siempre es la certeza certera. Panikkar cita con aprobación a san Buenaventura: «A la tesis de que una ciencia es más noble cuanto mayor es su certeza, hay que responder que no posee ningún tipo de verdad.»[35] Tres cuartos de milenio más tarde, esta afirmación de Buenaventura parece haber quedado completamente refutada por el progreso de la ciencia y sobre todo de las matemáticas. ¿No hay verdad en la certeza? ¿Acaso no hay verdad en las matemáticas y en la lógica? Pero la antigua observación de san Buenaventura cobra sentido a la luz de lo que concluyeron tres de las mentes del siglo XX que más a fondo entendieron las matemáticas y la lógica: Einstein, Russell y Wittgenstein. Escuchémoslos:

> En la medida en que las proposiciones de las matemáticas se refieren a la realidad, no son ciertas; en la medida en que son ciertas, no se refieren a la realidad.
>
> Albert Einstein[36]

> Por tanto, las matemáticas pueden ser definidas como la disciplina en la que nunca sabemos de qué estamos hablando, ni si lo que decimos es verdad.
>
> Bertrand Russell[37]

> Pero todas las proposiciones de la lógica dicen lo mismo: a saber, nada. [...] Por tanto, las proposiciones de la lógica no dicen nada.
>
> Ludwig Wittgenstein[38]

---

[35] ORP I.2, 532. La cita de san Buenaventura corresponde a *In III Sententiarum*, d. 23, a. 1, q. 4, ad 5 (*Opera Omnia*, ed. Quaracchi, vol. III, 482a): «Ad illud quod obiicitur, quod quanto scientia nobilior est, tanto certior, dicendum, quod illud non habet veritatem.»

[36] Conferencia pronunciada en la Academia Prusiana de Ciencias, en Berlín, el 27 de enero de 1921: «Insofern sich die Sätze der Mathematik auf die Wirklichkeit beziehen, sind sie nicht sicher, und insofern sie sicher sind, beziehen sie sich nicht auf die Wirklichkeit.»

[37] Bertrand RUSSELL, *Mysticism and logic*, Longmans Green, Londres, 1918, p. 75.

[38] Proposiciones 5.43 y 6.11 del *Tractatus logico-philosophicus* (1922). Wittgenstein llega a conclusiones parecidas en las proposiciones 3 317, 3 333, 4 242, 6 121, 6 1233, 6 124 y 6 342.

La ausencia de correlación entre certeza y verdad también fue observada por Wassily Leontief, galardonado con el Premio Nobel de Economía, en un artículo publicado en la revista *Science*:

> Página tras página, las revistas profesionales de economía están llenas de fórmulas matemáticas que conducen al lector de presupuestos más o menos plausibles pero completamente arbitrarios a conclusiones teóricas precisamente formuladas pero irrelevantes [...], sin que puedan producir, de algún modo perceptible, una comprensión sistemática de la estructura y operaciones de un sistema económico real.[39]

La exactitud de las cifras no es garantía de verdad. Solo garantiza exactitud dentro de un sistema abstracto que puede ser irrelevante, sesgado o falso.

En nuestros días, el espejismo de la seguridad y la certeza, y el culto a la cuantificación que lo acompaña, se muestran con un nuevo rostro: el espejismo de la digitalización y de los datos.

5 EL ESPEJISMO DATAÍSTA

La mano es una parte constitutiva del ser humano. Y cada mano es única, como lo es cada persona. No hay dos manos iguales: derecha e izquierda, tuya y mía. Una máquina, en cambio, es idéntica a todas las de su serie. Hay una diferencia esencial y abismal entre lo orgánico de la mano y lo

---

[39] Wassily A. LEONTIEF, «Academic Economists», *Science*, núm. 217 (9 de julio de 1982), p. 104.

inerte de la máquina. En el paso de la mano a la máquina aumenta, claro está, el poder: el poder meramente mecánico. Con la mecanización se produce un avance, enorme, en la capacidad de impactar, y una pérdida, terrible, en la capacidad de acariciar. La máquina triunfa en lo que es tangible y cuantificable, no en lo que es íntimo y cualitativo. Como expresión del músculo, gana la máquina. Como expresión del corazón, en el arte y en la relación personal, gana siempre la mano.

Aunque sea la mano la que escribe en el teclado, no se encuentra ahí tan presente como cuando escribimos «a mano». Lo escrito a máquina es candidato al anonimato, no se sabe quién lo ha tecleado. Hay todo un universo de diferencia, en el acto de escribir, entre la anónima uniformidad de lo maquinal y el carácter único de lo manual. La mano llena de matices cada trazo y cada palabra, que se muestran distintos según las cualidades de cada instante: escribe caracteres que expresan un carácter y un contexto concreto. En cambio, la tecla nos da siempre el mismo carácter (gráfico), precisamente porque no tiene carácter (interior).

Digital viene de *digitus*, 'dedo'. Pero el mundo digital nada tiene que ver con el diestro uso de los dedos propio del artesano o del artista. El pianista usa el conjunto de la mano, afinando hasta el extremo la fuerza y la precisión de cada micromovimiento. Ante la pantalla solo se nos pide el contacto con la punta de los dedos, sin que importe la intensidad o la calidad de ese contacto. Aquí no hay nada que afinar: solo hay *on* y *off*. Y la rapidez, claro. Opciones binarias y aceleración, parece que ahí es adonde vamos. El corazón de la actividad humana deja de estar en el corazón y emigra a la punta de los dedos. Y algo se pierde.

«La verdadera sabiduría», leemos en *Laudato si'*,

> no se consigue con una mera acumulación de datos que termina saturando y obnubilando, en una especie de contaminación mental. [...] Tienden a reemplazarse las relaciones reales con los demás, con todos los desafíos que implican, por un tipo de comunicación mediada por internet. Esto permite seleccionar o eliminar las relaciones según nuestro arbitrio, y así suele generarse un nuevo tipo de emociones artificiales que tienen que ver más con dispositivos y pantallas que con las personas y la naturaleza. (§ 47)

Como afirma la encíclica, la sabiduría corre hoy el riesgo de quedar sepultada bajo el «ruido dispersivo de la información» (§ 47). El culto de hoy a la acumulación masiva de datos (*Big Data*), con la pretensión de extraer de ellos patrones significativos y conocimiento relevante, puede ser descrito como *dataísmo* (*Dataismus*, escribe el filósofo alemán de origen coreano Byung-Chul Han). Así como el dadaísmo de hace un siglo (el de Tristan Tzara) era una especie de nihilismo artístico, el dataísmo es un nihilismo cognitivo: la erosión del conocimiento en una polvareda de datos descontextualizados. Ver en los datos la esencia del verdadero conocimiento es un espejismo: el espejismo dataísta.

Cuando se pierde la sabiduría, queda el conocimiento. Cuando se pierde el verdadero conocimiento, queda la información. Cuando se pierde la buena información, quedan los simples datos.

❧

Los medios digitales tienen ventajas obvias que nadie se atreverá a negar. Por otra parte, sin embargo, tampoco puede negarse el impacto ambiental de la enorme cantidad de materiales y energía que requieren, que queda oculto bajo una engañosa apariencia de desmaterialización y de intangibilidad; ni puede negarse la toxicidad que generan tanto durante su producción como después de que hayan dejado de funcionar o de seducirnos. Y no puede descartarse que tengan un impacto en la salud.[40] Pero lo que aquí nos interesa es su impacto existencial:

> Los medios actuales permiten que nos comuniquemos y que compartamos conocimientos y afectos. Sin embargo, a veces también nos impiden tomar contacto directo con la angustia, con el temblor, con la alegría del otro y con la complejidad de su experiencia personal. Por eso, no debería llamar la atención que, junto con la abrumadora oferta de estos productos, se desarrolle una profunda y melancólica insatisfacción en las relaciones interpersonales o un dañino aislamiento. (§ 47)

Algo semejante había sido ya observado por Max Horkheimer:

---

[40] *Nature*, la más prestigiosa de las revistas científicas, constata que la miopía en la población juvenil está alcanzando «proporciones epidémicas» en los Estados Unidos, en Europa y, sobre todo, en Asia Oriental: en Seúl, la proporción de jóvenes de diecinueve años con miopía es del 96,5 % (Elie Dolgin, «The myopia boom», *Nature* 519, 19 de marzo del 2015, p. 276); este incremento sin precedentes de la miopía tiene una correlación directa con el incremento del tiempo que pasamos en espacios cerrados: en las aulas, en casa haciendo deberes o enganchados a las pantallas («glued to computer and smartphone screens», p. 277). Por su parte, la Organización Mundial de la Salud (OMS), desde su Agencia Internacional de Investigación sobre el Cáncer, considera «potencialmente cancerígenos» los campos electromagnéticos producidos por los teléfonos móviles (World Health Organization, «Electromagnetic fields and public health: mobile phones», *Media Centre Fact Sheet*, núm. 193, 2014).

> La destrucción de la vida interior es la pena que el hombre ha de pagar por no tener respeto por otra vida que la suya. La violencia que va dirigida hacia afuera, y que se denomina tecnología, él está obligado a infligirla sobre su propia psique.[41]

Byung-Chul Han se ha referido a la 'desinteriorización' (*Entinnerlichung*) que está generando el torbellino digital:

> También a las personas se las *desinterioriza*, porque la interioridad obstaculiza y ralentiza la comunicación. Esta desinteriorización no sucede de forma violenta. Tiene lugar de forma voluntaria.[42]

¿Qué es la interioridad? Es lo que hallamos en nuestro interior, lo que nos distingue de los objetos. Incluye la «capacidad de reflexión, la argumentación, la creatividad, la interpretación, la elaboración artística y otras capacidades» (§ 81). Se puede decir que cada cultura y cada persona son como una ventana sobre el mundo, siempre con una perspectiva única. O como un balcón, un balcón de experiencia abierto por un lado al mundo y por otro a la propia interioridad. Cada interioridad es un lugar de manifestación de lo intangible, de lo inmaterial y de la trascendencia. Todo lo que intenta reducirnos a objetos es necesariamente enemigo de la interioridad.

A mediados del siglo XIX, mucho antes de la invención del WhatsApp (cuyo tono de notificación podría servir como himno a la banalidad), Henry David Thoreau escribía:

---

[41] Max HORKHEIMER, *Dawn and decline. Notes 1926-1931 and 1950-1969*, Seabury, Nueva York, 1978, p. 161.
[42] Byung-Chul HAN, *Psicopolítica*, Herder, Barcelona, 2014, p. 22.

Creo que la mente puede ser profanada de modo permanente por el hábito de prestar atención a cosas triviales, que tiñen de trivialidad todos nuestros pensamientos. [...] Deberíamos tratar a nuestras mentes, es decir, a nosotros mismos, como criaturas tiernas e inocentes de las que tenemos custodia, y vigilar qué objetos y temas dejamos llegar a su atención.[43]

Unas generaciones después, Stefan Zweig se preguntaba si seguiría habiendo poetas «en nuestros días, con nuestras nuevas formas de vida, que nos expulsan violentamente de todo recogimiento interior, como un incendio forestal expulsa a los animales de sus madrigueras».[44] Tal vez lo que sorprendía a Thoreau y a Zweig se ha vuelto tan omnipresente que nos hemos acostumbrado a ello. O no hemos acabado de acostumbrarnos, si mantenemos un mínimo de recogimiento interior, que habrá que proteger guardando distancia del alud de información sin conocimiento y de conocimiento sin sabiduría que conforma, decíamos, «una especie de contaminación mental» (§ 47). Las redes digitales son una invitación a la disciplina.

También el novelista hoy más popular en Estados Unidos, Jonathan Franzen, hace afirmaciones contundentes sobre las plataformes digitales:

> La contradicción de Occupy y los movimientos de indignados, que tienen unos argumentos políticos sofisticados [...], es la manera en que se comunican: utilizando estas plataformas de internet, redes como Facebook o Twitter, que son las que nos oprimen.

---

[43] Henry David THOREAU, *Political writings*, Cambridge University Press, Cambridge, 1996, p. 116. Thoreau escribió este texto, «Life without principle», en el verano de 1851.
[44] Stefan *Zweig, Die Welt von Gestern*, Insel, Berlín, 2013, p. 169.

Incluso si las utilizan para criticar a la sociedad, las están ayudando, y sin darse cuenta se quedan indefensos ante el poder real, que ellas ostentan. Hubo una época, la del comunismo, en la que la respuesta a todas las preguntas era: socialismo. Hoy esa respuesta es: redes sociales, internet. Damos un enorme poder a las grandes corporaciones que pretenden definir y dirigir todos los términos de nuestra existencia. Hay algo totalitario en internet.[45]

La expresión *realidad virtual* fue acuñada por Jaron Lanier, icono de la cultura digital, que desde hace años advierte contra la ideología predominante en el mundo digital, que él denomina *totalitarismo cibernético* (*cybernetic totalism*): la tendencia creciente a reducir las personas y la realidad a los parámetros de la informática.[46] Los acólitos del totalitarismo

---

[45] Jonathan Franzen entrevistado por Xavi AYÉN, «Jonathan Franzen: Google se parece a la Alemania comunista», *La Vanguardia* (11 de octubre del 2015), p. 61.
[46] Jaron LANIER, *You are not a gadget. A manifesto*, Vintage, Nueva York, 2011, p. 75 (*Contra el rebaño digital*, Debate, Barcelona, 2011, p. 103). Las redes sociales no existirían sin inventores como Lanier, pero él no está ya en ninguna y advierte en su página web que toda cuenta a nombre suyo en una red social es una impostura. Lanier denuncia cómo, tras un espejismo de gratuidad, las redes sociales almacenan los datos y preferencias de sus usuarios, se enriquecen con ello y concentran el poder en empresas cada vez más grandes y con menos empleados. En su libro más reciente (*Who owns the future?* ['¿Quién controla el futuro?']) reconoce que él y otros idealistas digitales de los primeros tiempos no se dieron cuenta de que el ordenador grande se come al pequeño (la revolución digital ha contribuido decisivamente a que el sector financiero crezca muchísimo más que el resto de la economía). Según Lanier, si continúan las tendencias actuales, los nuevos centros de poder serán las multinacionales y las instituciones que posean lo que él denomina *servidores sirena* (*siren servers*): redes de ordenadores especialmente potentes, ubicados en instalaciones enormes y recónditas, que extraen información a fin de adquirir poder sobre todo aquello a lo

cibernético creen que «toda la realidad, incluidos los humanos», no es más que «un gran sistema de información».[47]

La seducción del espejismo dataísta lleva a despojar el mundo real de matices, de cualidades y de profundidad ontológica, reduciéndolo a la unidimensionalidad yerma y desencantada de los meros datos.

De entender la realidad como misterio y prodigio a entenderla como información. De la sana experiencia de sentirse miembro de pleno derecho de un universo lleno de vida, a la experiencia alienada de sentirse mero resultado de combinaciones más o menos arbitrarias de dígitos inertes. De la participación holística a las sombras unidimensionales. Si, siguiendo al platonismo y al neoplatonismo, entendiéramos las cosas del mundo como sombras de las realidades de un mundo intangible, los datos no nos llevarían más cerca de ese mundo ideal, sino más lejos, más abajo. Si las cosas son sombras, los datos son sombras de sombras.

※

La realidad no se puede digitalizar, porque no está hecha de objetos aislados, sino de relaciones, y es mucho más compleja, dinámica e impredecible de lo que los mitos digitales en boga nos harían creer. La versión digital solo es es una fría sombra del mundo real. La acumulación y el tratamiento de datos nunca podrán reemplazar a la vida ni a la interioridad

---

que pueden acceder. El término alude a las tentadoras sirenas de la *Odisea* y, como advierte Lanier, las sirenas «pueden ser aún más peligrosas en su forma inorgánica» (*Who owns the future?*, Simon & Schuster, Nueva York, 2014, p. 55; IDEM *¿Quién controla el futuro?*, Debate, Barcelona, 2014, p. 89).

[47] LANIER, *You are not a gadget*, p. 27 (*Contra el rebaño digital*, p. 44).

humanas. El dataísmo se niega a ver la vida allí donde está, y esa vida que se niega a ver la proyecta en ídolos digitales, como señala Lanier:

> A los totalitarios cibernéticos les encanta pensar en la información como si estuviera viva y tuviera sus propias ideas y ambiciones. Pero ¿y si la información es [...] menos que inanimada, un simple producto del pensamiento humano?
>
> La información es una experiencia alienada.[48]

Las seducciones del totalitarismo cibernético, según Lanier, quieren llevarnos a un mundo donde «soportaremos alegremente la indignidad siempre que esté recubierta de modernidad».[49] Las tecnologías digitales no han sido diseñadas por almas caritativas, sino por empresas que buscan beneficios. Lo que a nosotros nos parece gratuito mueve dinero por alguna parte, sea con la venta de datos a partir del rastro que vamos dejando, sea con publicidad explícita o encubierta. No pocos diseñadores de Silicon Valley impiden a sus hijos utilizar los móviles y juegos que inventan, precisamente porque saben que generan adicción. Uno de ellos, Tristan Harris, abandonó su trabajo en Google tras darse cuenta de hasta qué punto las aplicaciones y páginas web están deliberadamente diseñadas para que los usuarios queden enganchados. Desde entonces intenta introducir en el mundo digital un código ético que ponga el respeto a las personas por encima de la voluntad de manipularlas. Una de sus propuestas es un juramento hipocrático, como el de los médicos, que

---

[48] *Ibid.*, p. 28 (p. 46).
[49] LANIER, *Who owns the future?*, p. 361 (*¿Quién controla el futuro?*, p. 415).

obligue a los diseñadores de *software* a actuar con mayor responsabilidad respecto a las implicaciones psicológicas de sus productos.⁵⁰

El nihilismo digital es hijo del vacío existencial. La sociedad hipertecnológica propicia un desarraigo (*rootlessness*) que es sentido interiormente como desasosiego (*restlessness*). Sin arraigo, el viento se nos lleva y todo movimiento externo nos agita. Esta agitación ontológica, característica de la condición humana contemporánea, es la fuente última (previa a los factores psicológicos, sociológicos o económicos) que impulsa el espejismo de la aceleración, el espejismo consumista, el espejismo de la seguridad y el espejismo dataísta. Es también la fuente del autoengaño que nos hace ignorar nuestro desarraigo y nuestra insatisfacción existencial, y que nos hace soñar que, pese a todo, vivimos en el mejor de los mundos posibles.

Nunca antes el mundo había tenido tanta información y tantas posibilidades. Y sin embargo, nunca antes la inteligencia había estado tan cerca del delirio y la humanidad tan cerca del terricidio y del suicidio. El sistema global, poderoso y frágil como el Titanic, choca contra el iceberg (agua helada que vence al frío metal) de la realidad geológica y biosférica, local y global, mientras en cubierta casi todos lo ignoran, distraídos con sus pantallas. Las tecnologías de la información y la comunicación, maravillosamente útiles para tantas cosas, en ocasiones pueden transformar su acrónimo (TIC) en Tecnologías de Idiotización Colectiva.

---

[50] Otro joven, Enric Puig Punyet, profesor de filosofía, es el principal impulsor de un movimiento que ha nacido en Barcelona para promover un uso más equilibrado de las redes digitales. Su página web: institutinternet.org.

6 EL ESPEJISMO DE LA HIPERMOVILIZACIÓN

Algo está cambiando radicalmente en nuestro modo de estar en el mundo. Familias enteras que en el restaurante no hablan, cada uno sumergido en su particular dispositivo conectado a internet. Padres o madres que ignoran a sus bebés, absortos en sus pantallas. Personas que por las calles caminan cabizbajas, pendientes del móvil y poco o nada del lugar y el momento presente, incluidos los demás transeúntes y el tráfico.

La aceleración contemporánea está resultando en una disminución de la capacidad de atención. Nuestra capacidad para profundizar y desarrollar pensamientos complejos y sutiles, con sus debidos matices, se ve erosionada por la avalancha de mensajes breves y simples que transmiten los dispositivos tecnológicos. Como explica el psicólogo Daniel Goleman, la atención es esencial para la comprensión, la memoria y el aprendizaje, así como para la excelencia en cualquier tipo de tarea o actividad. Pero la sobrecarga de información erosiona nuestra atención.[51]

La pérdida de atención también deteriora la vida interior, volviéndonos más dispersos. Un artículo en la prestigiosa revista *Science* concluyó, como decía su título, que «Una mente dispersa es una mente infeliz» («A wandering mind is an unhappy mind»).[52]

En enero del 2013, según la agencia Reuters, en Corea del Sur el Gobierno estimaba que había 680 000 jóvenes de

---

[51] Daniel GOLEMAN, *Focus. Desarrollar la atención para alcanzar la excelencia*, Kairós, Barcelona, 2015.

[52] *Cf.* Mathhew A. KILLINGSWORTH / Daniel T. GILBERT, «A wandering mind is an unhappy mind», *Science*, vol. 330 (12 de noviembre del 2010), p. 932.

entre diez y diecinueve años adictos a los videojuegos. La estimación parece ser a la baja, porque otras fuentes sugieren que lo habitual en ese país es que los jóvenes pasen más de veinte horas a la semana con videojuegos. Como medida de emergencia, el Gobierno impuso la prohibición a los menores de dieciséis años de acceder a videojuegos entre las doce de la noche y las seis de la mañana. En el 2016, un estudio de la Universidad Complutense de Madrid estimaba que en España un 5 % de la población de entre quince y sesenta y cinco años es adicta al móvil (llegando a sufrir síndrome de abstinencia si se queda sin batería) y que más de un 15 % lo usa de modo abusivo, con riesgo de acabar enganchado.[53]

※

El cerebro es un órgano extraordinariamente dinámico. Como ocurre con los músculos, su capacidad depende de su uso: se transforma a nivel celular en función de todo lo que atrae nuestra mente y nuestra acción. En la medida en que muchos medios digitales nos ahorran esfuerzo mental, también disminuyen nuestra capacidad de rendimiento mental. Por eso, no hay pizarra digital que pueda sustituir al aprender a escribir a mano, con todo lo que tiene de entrenamiento de la destreza y de la expresión personal, ni hay prodigio digital que pueda sustituir la empatía de un maestro. En la enseñanza superior, tanto en las aulas como cuando los alumnos se ponen a intentar estudiar, el chateo y otras

---

[53] José DE SOLA *et al.*, «Development of a mobile phone addiction craving scale and its validation in a Spanish adult population», *Frontiers of Psychiatry*, vol. 8, núm. 90 (30 de mayo del 2017).

seducciones cibernéticas a menudo obstaculizan el aprendizaje. Solo los estudiantes con una gran fuerza de voluntad pueden usar internet de manera realmente efectiva sin caer en un laberinto de distracciones.[54]

En países como Estados Unidos y Alemania, los adolescentes pasan ante las pantallas más de siete horas diarias. Es la primera generación de la historia que crece dedicando más tiempo a las pantallas que a la auténtica relación presencial con las personas. Las nuevas tecnologías pueden estimular la atención concentrada, pero a costa de la atención abierta, del juego libre y espontáneo y del contacto directo con las personas y la naturaleza. Dada la enorme plasticidad del cerebro, que desarrolla conexiones neuronales allí donde se utiliza y se atrofia donde no se utiliza, todo ello implica que estamos realizando un experimento sin precedentes con las generaciones más jóvenes.[55]

※

Una sociedad en que la norma es que todo el mundo sea portador de un teléfono móvil es una sociedad hipermovilizada. Como los objetos de consumo, también las personas se supone que debemos estar accesibles y disponibles en todas partes y en todo instante: hemos de estar electrónicamente «conectados», a menudo al precio de desconectarnos de la propia

---

[54] El psiquiatra Manfred Spitzer explica en detalle estas implicaciones en *Demencia digital: El peligro de las nuevas tecnologías*, Ediciones B, Barcelona, 2013.

[55] GOLEMAN, *Focus*. Goleman, por otra parte, considera que las prácticas tradicionales de meditación son el mejor modo de entrenar el cerebro en el cultivo de la atención.

interioridad, del silencio (sobre todo del silencio interior) y de las relaciones reales, encarnadas con plena presencia en el aquí-y-ahora. La presencia, claro está, no puede transmitirse electrónicamente y nunca podrá ser reducida a los sonidos y centelleos de una pantalla.

Tradicionalmente, el significado más habitual de *movilizar* era 'convocar, incorporar a filas, poner en pie de guerra tropas u otros elementos militares' (diccionario de la RAE). De ponerse en pie de guerra a blandir el móvil en la mano. La movilización total, ¿no es un paso hacia la reificación total? ¿Contra qué está en pie de guerra la movilización cibernética? ¿Contra la plena presencia en el aquí-y-ahora? ¿Contra el silencio, exterior e interior? ¿Contra la vida verdadera, dentro y fuera de nosotros?

❧

Homo sapiens: el ser (humano, *homo*) que *sabe* y que *saborea* (el latín *sapere* significa a la vez 'saber' y 'saborear'). El *Homo sapiens sapiens* se ha caracterizado por su capacidad de pensar lúcidamente, de hablar cara a cara, de caminar erguido (por eso llamamos *Homo erectus* a un antiguo pariente). El abandonar la postura erguida para caminar cabizbajo, pendiente de la pequeña pantalla y poco o nada del lugar, caracteriza al ser humano distraído, *homo absortus* (distraído, absorto en las pantallas). ¿No deberíamos evaluar el uso de las herramientas en función de si nos adormecen o nos ayudan a despertar? La percepción atenta y la plena presencia caracterizan al indígena que avanza por la selva, al maestro de artes marciales, al maestro de cualquier arte, a quienquiera que alcanza la excelencia en su quehacer.

Hoy tenemos más información que nunca, pero ¿tenemos verdadero conocimiento y sabiduría? Hoy tenemos más estímulos que nunca, pero ¿nos detenemos realmente a saborearlos? Proliferan las pantallas y mengua la capacidad de atención. ¿No estamos más distraídos que nunca? ¿No está surgiendo un *homo absortus*, absorto en trivialidades hasta el punto de no apreciar la belleza de cada instante y de no oír el clamor del mundo?

7 EL ESPEJISMO TECNOUTÓPICO

En el mundo desencantado de hoy, muchas personas solo encuentran, momentáneamente, sentido y encanto en las pantallas que capturan su atención. En el mundo clásico se elogiaba la contemplación del cielo (*contemplatio cæli*), pero hoy la mirada ya no se eleva, confiada, a la inmensidad del firmamento, sino que desciende, cabizbaja, a las pantallas: distracciones para escapar del aburrimiento, refugios ante la intemperie de un mundo sin sentido, espejismos que pretenden esconder el vacío existencial y acaban expandiéndolo. Sus ruiditos y chiribitas colonizan y empobrecen la interioridad. Pero ese empobrecimiento se oculta y se proyecta afuera, sobre una realidad que, disminuida, nos dicen que ha de ser «aumentada».

Lo que aumenta, sin embargo, es la alienación. La realidad «aumentada» es parte del espejismo tecnoutópico, como lo es la creciente sustitución (en las aulas, por ejemplo) de las personas por las pantallas, de los mentores por los mecanismos y de la empatía genuina por la eficiencia ficticia. La comunicación mirando a la pantalla eclipsa la genuina comunicación que se logra mirándose a los ojos. La pantalla hace de pantalla a la presencia. La oculta.

En todo tipo de ámbitos, lo que naturalmente requiere esfuerzo, destreza y presencia, y por tanto nos obliga a crecer, es sustituido por lo que conduce a la falta de esfuerzo, de destreza y de presencia —es decir, a la pereza y a la indolencia. (Recoger hojas con un rastrillo es una noble actividad física que nada tiene que ver con su equivalente tecnocrático: los sopladores de hojas que llenan de estruendo espacios públicos y privados, al tiempo que reducen la implicación y destreza de sus portadores a sostenerlos robóticamente apretando un botón.)

 ❧

El sentido de la existencia suele ir quedando eclipsado a medida que la máquina sustituye a la mano y a la persona. Como escribe el poeta y agricultor norteamericano Wendell Berry:

> Fundir o confundir criaturas y máquinas no solo imposibilita ver sus diferencias; también enmascara el conflicto entre criaturas y máquinas, que bajo el industrialismo ha resultado en una secuencia casi continua de victorias de las máquinas sobre las criaturas. [...] Me resulta fácil imaginar que la próxima gran división del mundo será entre las personas que quieren vivir como criaturas y las que quieren vivir como máquinas.[56]

---

[56] Wendell BERRY, *Life is a miracle. An essay against modern superstition*, Counterpoint, Washington, 2000, p. 54-55. Esta última frase de Berry la cita reiteradamente John LUKÁCS en sus obras (*At the end of an age*, Yale University Press, New Haven, 2002, p. 118; *The future of history*, Yale University Press, New Haven, 2011, p. 72 y 169).

Las máquinas se multiplican y van incluso colonizando nuestra manera de pensar y de hablar. La Revolución Industrial nació en Inglaterra en torno a la máquina de vapor. Poco después, en el siglo XIX, los ingleses empezaron a decir cosas como *I'm running out of steam* ('Se me acaba el vapor', o sea, 'se me acaba la fuerza'), como si fuesen locomotoras y no seres de carne y corazón. En el siglo XX, con la electrificación, nacieron otras expresiones: *I've got to switch off* ('Tengo que apagarme el interruptor', o sea, 'He de desconectar') o *I've got to recharge my batteries* ('Tengo que cargarme las pilas'). Hoy, cuando alguien dice «Tengo que ponerme las pilas» o «Tengo que cambiar el chip», no suele referirse a las pilas o el chip de algún artilugio electrónico que posee, sino a sí mismo, como si el que habla fuese un objeto electrónico y no una persona. Antes se nos acababan las fuerzas, ahora se nos acaban las pilas.

Es paradójico que atribuyamos «inteligencia» a teléfonos y a toda suerte de aparatos, mientras que nos resistimos a reconocer la vida y la inteligencia allí donde verdaderamente están. Las máquinas no piensan ni entienden, solo ejecutan mecánicamente. Pueden calcular prodigiosamente a base de aplicar simples reglas mecánicas, pero eso no es inteligencia. Nada entienden de lo que hacen. A veces, un programa de traducción automática consigue instantáneamente una traducción perfecta (con textos muy simples), sin entender ni pizca de lo que «traduce» (en realidad no traduce: convierte mecánicamente). Una calculadora hace instantáneamente una raíz cuadrada, pero nunca entenderá el teorema de Pitágoras. La «inteligencia» artificial no es inteligencia, del mismo modo que una «flor» artificial no es ninguna flor, por más que lo parezca hasta que prestamos atención. «Inteligencia artificial» es un oxímoron que ofende a la inteligencia. No hay inteligencia sin vida y sin sensibilidad.[57]

❧

Uno de los caballos de Troya en el intento mecanicista de dominar la vida viene disfrazado de «descubrimiento» científico: el «código» genético donde se supone que todo está «programado».[58] Antes se decía que uno «lleva en la sangre» una característica innata; ahora se dice que «lo lleva en los genes». Pasar de la metáfora de la sangre a la metáfora de los genes tiene sus consecuencias: podemos entender a la persona bien como máquina genética, o bien como ser vital con sangre en las venas. Los genes son una abstracción sin fuerza expresiva. La sangre, en cambio, discurre llena de metáforas. Hay cosas que se hacen a sangre fría y a sangre caliente, hay personas con sangre de horchata y otras a quienes les hierve la sangre. La sangre, al fin y al cabo, viene del corazón, que para muchas culturas es la sede del alma y de mayor importancia que el cerebro. El corazón (*cor* en latín y en catalán) es la metáfora subyacente a dos virtudes tan importantes como

---

[57] *Cf.* los capítulos centrales de Jordi Pigem, *Inteligencia vital. Una visión postmaterialista de la vida y la conciencia*, Kairós, Barcelona, 2016.
[58] «No se puede sostener que las ciencias empíricas explican completamente la vida, el entramado de todas las criaturas y el conjunto de la realidad. Eso sería sobrepasar indebidamente sus confines metodológicos limitados», señala *Laudato si'* (§ 199). En cualquier caso, la idea de que los genes nos «programan» no tiene validez científica. Como explicaba Ernst Mayr (1904-2005), uno de los biólogos más eminentes del siglo xx, el gen «en el genotipo se halla siempre en el contexto de otros genes». El eminente biólogo Denis Noble escribe que en los genes «no hay cosa tal como un programa». *Cf.* Pigem, *Inteligencia vital*, p. 20-22 y 59-66.

el *cor*aje y la *cor*dialidad, así como a la con*cor*dia (confluencia de corazones) y el a*cuerdo*. Un «recuerdo» es, etimológicamente, lo que *re*gresa al *cor*azón.

Un de los más grandes bioquímicos del siglo XX, Erwin Chargaff, sin la contribución del cual no se habría encontrado el modelo de la doble hélice del ADN, en su autobiografía definió la manipulación genética como «una grave patología de la imaginación científica» y un «crimen inconcebible». Este eminente científico acabó definiendo la vida como «la intervención continua de lo inexplicable»,[59] y dijo lo siguiente sobre su trayectoria a través del siglo XX:

> Mi vida ha estado marcada por dos descubrimientos científicos inmensos y fatídicos: la escisión del átomo y el reconocimiento de la química de la herencia y su subsiguiente manipulación [...]. En ambos casos, la ciencia ha transgredido una barrera que debería haber permanecido inviolada.[60]

> Este mundo nos es dado en préstamo. Venimos y vamos, y tras un tiempo dejamos tierra, aire y agua a otros que vienen detrás de nosotros. Mi generación, o tal vez la anterior, ha sido la primera en iniciar, bajo el liderazgo de las ciencias exactas, una destructiva guerra colonial contra la naturaleza. El futuro nos maldecirá por ello.[61]

---

[59] Erwin CHARGAFF, *Heraclitean fire. Sketches from a life before nature*, The Rockefeller University Press, Nueva York, 1978, p. 20: «Life is the continual intervention of the inexplicable.» Influido por Chargaff, Wendell Berry escribe que «to treat life as less than a miracle is to give up on it» ('tratar a la vida como menos que un milagro es desistir de ella'; *Life is a miracle*, p. 10).

[60] CHARGAFF, *Heraclitean fire*, p. 183.

[61] Párrafo final de una carta de Erwin Chargaff publicada en la revista *Science*: «On the dangers of genetic meddling» (*Science*, vol. 192, 1976, p. 940).

Chargaff dejó constancia de cómo la biología se había ido apartando de la vida y de cómo la ciencia se estaba convirtiendo en «una máquina para resolver todo tipo de problemas que, al ser resueltos científicamente, generan problemas todavía mayores».[62] La tecnociencia queda muy lejos de la buena ciencia. En términos semejantes se ha expresado también Wendell Berry:

> Los medios de comunicación, recreándose en su mediocridad, parecen ignorar cómodamente que muchas de las calamidades de las que se espera que la ciencia ha de salvarnos fueron causadas en primer lugar por la ciencia, que mientras tanto está ocupada en propagar nueves calamidades, ahora elogiadas como prodigios, de las que después se ocupará de salvarnos.[63]

La buena ciencia sigue siendo posible cuando no la guía el poder. De otro modo, crecen los efectos nocivos:

> La tecnología que, ligada a las finanzas, pretende ser la única solución de los problemas, de hecho suele ser incapaz de ver el misterio de las múltiples relaciones que existen entre las cosas, y por eso a veces resuelve un problema creando otros. (§ 20)

> Suele crearse un círculo vicioso donde la intervención del ser humano para resolver una dificultad muchas veces agrava más la situación. Por ejemplo, muchos pájaros e insectos que desaparecen a causa de los agrotóxicos creados por la tecnología son útiles a la misma agricultura, y su desaparición deberá ser sustituida con

---

[62] CHARGAFF, *Heraclitean fire*, p. 5.
[63] BERRY, *Life is a miracle*, p. 21.

otra intervención tecnológica, que posiblemente traerá nuevos efectos nocivos. (§ 34)

❧

Entramos en un mundo hipertecnológico en el que las máquinas y sus servidores amenazan con eclipsar la inteligencia y la vida. Una manifestación extrema del delirio tecnoutópico es la creencia, incubada en la autodenominada Singularity University de Silicon Valley, de que podemos alcanzar la inmortalidad «vaciando» el «contenido» del cerebro en medios digitales. La experiencia de la realidad en el mundo hipertecnológico es alienante y muchos quieren huir de ella, pero no para crecer y despertar, sino para desvanecerse en la unidimensionalidad digital. Una huida en vano, porque los datos digitales solo pueden representar una parte insignificante e irrelevante del cerebro, y el cerebro es solo una parte de la mente, y la mente es solo una dimensión de la condición humana. El espejismo tecnoutópico alcanza aquí un grado de alienación sin precedentes.

Al mismo Jaron Lanier, artífice de la realidad virtual, le parece aberrante: «Cuando mis amigos y yo creamos las primeras máquinas de realidad virtual, nuestro único objetivo era hacer de este mundo un espacio más creativo, expresivo, empático e interesante. La idea no era escapar de él.»[64] Y lo describe como una falsa religión para la cual

---

[64] LANIER, *You are not a gadget*, p. 33 (*Contra el rebaño digital*, p. 52). Para los defensores del totalitarismo cibernético la mente no es más que el cerebro y el cerebro es algo que se va a ver pronto superado por la gran red cibernética de datos digitales (p. 27 [p. 45]).

internet es ontológicamente superior a la mente humana. Una religión que predica, por ejemplo: «Tu mente es *software*; prográmala. Tu cuerpo es un envase; modifícalo. La muerte es una enfermedad; cúrala. La extinción se acerca; combátela.»[65]

Esto se articula en una especie de culto que quiere dejar atrás la condición humana, considerada obsoleta, y que sueña con fundir (y confundir) los seres humanos con los robots. Según esta perspectiva, alienada y alienante, se trata de crear seres *posthumanos* o *transhumanos* que estén por encima de las personas. Los portavoces de este delirio tecnoutópico hablan de «posthumanos», y algo de «póstumo» hay en estas criaturas que repudian la vida. Hablan de «transhumanos», y algo de «trashumante» hay en este rebaño que reniega de la condición humana como Lucifer renegó de la condición angélica; lo que llaman «transhumanismo» es una ruta de trashumancia hacia el abismo.

En una entrevista ampliamente difundida, un portavoz de este delirio afirmaba que tenemos que sustituir los lenguajes humanos por lenguajes digitalizados, porque «hablar es una tecnología primitiva; es de banda estrecha» (¡en términos electrónicos!), y que en el año 2029 no seremos capaces de distinguir las respuestas que da un robot de las que da una persona.[66] Pero un robot, por más poder de ejecución mecánica que tenga, nunca podrá reflejar nada de lo que realmente es una persona.

---

[65] Citado en LANIER, *Who owns the future?*, p. 326 (*¿Quién controla el futuro?*, p. 380).
[66] Declaraciones de un portavoz de la Singularity University a la serie *Cuando ya no esté*, dirigida y presentada por Iñaki Gabilondo.

Hay una única manera de que se cumpla la predicción de que los robots llegarán a parecerse a las personas: que las personas degeneren hasta acabar pareciendo zombis o robots. Algo de eso entrevieron las grandes novelas distópicas de la primera mitad del siglo xx: *Nosotros* (Yevgueni Zamiatin, 1920), *Un mundo feliz* (Aldous Huxley, 1932) y *1984* (George Orwell, 1949). En la primera mitad del siglo xxi no podemos negar que haya movimientos que apuntan en este sentido e intereses creados que lo fomentan. Lanier escribe un par de páginas bajo un título inquietante: *Dejando obsoletas a las personas para que los ordenadores parezcan más avanzados.*[67] Y advierte:

> Los humanos no tienen ningún papel especial en este plan. Dentro de poco los ordenadores se volverán tan grandes y tan rápidos y la red estará tan llena de información que las personas resultarán obsoletas y serán descartadas como en el caso de las novelas sobre el Rapto o serán subsumidas por un ente cibersobrehumano.[68]

Y, refiriéndose a una típica función de los procesadores de texto que a veces interfiere con nuestro escribir, Lanier comenta:

> La verdadera función de esa prestación no es hacernos la vida más fácil, sino promover una nueva filosofía: que el ordenador está evolucionando en una forma de vida que puede entender a las personas mejor de lo que las personas se entienden a sí mismas.[69]

---

[67] LANIER, *You are not a gadget*, p. 27-28 (*Contra el rebaño digital*, p. 44-46): «Making people obsolete so that computers seem more advanced.»
[68] *Ibid.*, p. 27 (p. 45).
[69] *Ibid.*, p. 28 (*ibidem*).

Lanier señala que el totalitarismo cibernético nos lleva a «un fracaso espiritual» en el que se imponen «filosofías cerradas que niegan el misterio de la experiencia».[70] Una de las consecuencias que se derivan de ello es que dejamos de poner nuestra fe y esperanza en las personas para pasar a ponerla en relucientes aparatos electrónicos. Se devalúa la condición humana y se potencia el anonimato y la despersonalización que facilitan el ciberacoso. Según Lanier, padre arrepentido de muchos prodigios digitales, el totalitarismo cibernético «tendrá a la larga un efecto negativo en la espiritualidad, la moralidad y los negocios».[71] Todo esto ha surgido de nuestras mentes y de nuestras manos. ¿Cómo es posible?

Lanier lo resume así: «La espiritualidad se está suicidando. La conciencia intenta extinguirse por su propia voluntad.»[72] El autómata mata al *autós* (el sí mismo).

8 EL ESPEJISMO DEL PROGRESO

Como señala *Laudato si'*, después de «un tiempo de confianza irracional en el progreso y en la capacidad humana, una parte de la sociedad está entrando en una etapa de mayor conciencia» (§ 19). En esta situación, una de las tareas más esenciales es transformar nuestro horizonte. «Simplemente se trata de redefinir el progreso. Un desarrollo tecnológico

---

[70] *Ibid.*, p. 75 (p. 103).
[71] *Ibid.*, p. 119 (p. 155).
[72] *Ibid.*, p. 20 (p. 36). Sobre toda esta cuestión, *cf.* el debate recogido en Albert CORTINA / Miquel-Àngel SERRA (coordinadores), *¿Humanos o posthumanos?*, Fragmenta, Barcelona, 2015.

y económico que no deja un mundo mejor y una calidad de vida integralmente superior no puede considerarse progreso» (§ 194).

Hoy toda nueva tecnología es bienvenida, acríticamente, por el simple hecho de que es nueva. Mientras sigamos creyendo en el mito materialista del progreso, toda tecnología en tanto que nueva se considera buena. Y si tiene algún aspecto negativo, creemos dogmáticamente que el mismo progreso tecnológico lo resolverá. Una creencia que, desligada de la mirada honesta y de la responsabilidad ética, ignora toda la evidencia en su contra, es dogma o delirio. No podemos confundir ingenuamente lo «nuevo» con lo bueno. Tenemos que cuestionarnos si el progreso tecnológico es siempre progreso genuino en términos humanos y ecológicos. Tenemos que entender que puede haber y hay «innovaciones» tecnológicas claramente nocivas.

También hay, claro está, innovaciones magníficas. Pero la tendencia subyacente lleva a sustituir la «belleza irreemplazable» del mundo por nuestros artefactos:

> Son loables y a veces admirables los esfuerzos de científicos y técnicos que tratan de aportar soluciones a los problemas creados por el ser humano. Pero mirando el mundo advertimos que este nivel de intervención humana, frecuentemente al servicio de las finanzas y del consumismo, hace que la tierra en que vivimos en realidad se vuelva menos rica y bella [...]. De este modo, parece que pretendiéramos sustituir una belleza irreemplazable e irrecuperable por otra creada por nosotros. (§ 34)

Como señala la encíclica, hoy todo incremento del poder se considera «progreso»:

Se tiende a creer «que todo incremento del poder constituye sin más un progreso, un aumento de seguridad, de utilidad, de bienestar, de energía vital, de plenitud de los valores», como si la realidad, el bien y la verdad brotaran espontáneamente del mismo poder tecnológico y económico. (§ 105)[73]

La frase entre comillas es una cita de Guardini, que en otro lugar escribe:

> A través de la ciencia que cada vez penetra más profundamente y de la técnica cada vez más efectiva, crece el poder del hombre de disponer sobre lo dado. Esto es sinónimo de seguridad, utilidad, bienestar, progreso. (ENM 144 [215])

Guardini constata, a mediados del siglo XX, que «la superstición burguesa de creer en la fiabilidad intrínseca del progreso se ha resquebrajado» (ENM 73 [98]). Lo que Guardini denominaba «optimismo de la era moderna»,[74] con su ingenua fe en el progreso tecnológico, nos ha hecho olvidar que el ser humano es tan capaz de orientarse hacia el bien como hacia la destrucción (ENM 67 [91]).

Es necesario revisar el «mito del progreso» (§ 60), que incluye el «mito moderno del progreso material sin límites» (§ 78) y «los "mitos" de la Modernidad basados en la razón instrumental (individualismo, progreso indefinido,

---

[73] El original alemán de la cita de Guardini corresponde a ENM 70 [94] («jede Zunahme an Macht sei einfachhin "Fortschritt"; Erhöhung von Sicherheit, Nutzen, Wohlfahrt, Lebenskraft, Wertsättigung»).

[74] Guardini se refiere a menudo al «optimismo de la era moderna» (*neuzeitlichen Optimismus, Optimismus der Neuzeit*) o el «optimismo cultural de la era moderna» (*neuzeitlichen Kulturoptimismus*).

competencia, consumismo, mercado sin reglas)» (§ 210). A través de la historia, ¿ha evolucionado la conciencia? ¿O se ha dado un creciente proceso de reificación y de alienación?[75] Sin duda, «cuando se plantean estas cuestiones, algunos reaccionan acusando a los demás de pretender detener irracionalmente el progreso y el desarrollo humano» (§ 191). Pero el verdadero desarrollo humano es el que lleva a la plenitud personal en armonía con el mundo y al despertar de la conciencia.

❦

Si buscamos un hilo conductor en los espejismos que hemos examinado, podemos encontrarlo en la creencia en el progreso como sustitución de lo natural por lo artificial. En la historia de los últimos siglos, y acaso de los últimos milenios, se da un proceso de creciente *desnaturalización*: abandonar lo rural para establecerse en la ciudad y, en todas las circunstancias, dar proridad al tener por encima del ser, a lo cuantitativo por encima de lo cualitativo, a lo metódico por encima de lo espontáneo, a lo calculador por encima de lo creativo, a la reificación por encima de la participación, a lo mecánico por encima de lo vital.

Este proceso de desnaturalización se acelera en la época moderna, sobre todo en las últimas décadas, y en nuestros días descubre, de repente, que está ante un callejón sin

---

[75] Un análisis sofisticado del proceso histórico como *caída* en una creciente alienación ontológica, combinando datos antropológicos con filosofía moderna y budismo tibetano, es la obra periódicamente actualizada de Elías CAPRILES, *Alienación* (descargable en webdelprofesor.ula.ve/humanidades/elicap/es/uploads/Biblioteca/alienacion_tomo_unico.pdf).

salida. O cambiamos de rumbo o no hay más que ir chocando contra los límites de la realidad biofísica y contra nuestros propios límites psicológicos. Guardini conminaba a descubrir con seriedad «qué hay tras toda la palabrería sobre el progreso y la colonización de la naturaleza y asumir la responsabilidad que la nueva situación impone» (ENM 78 [102]).

❧

Soñamos que navegábamos en el océano de la Historia, a bordo del Progreso, hacia un horizonte de Prosperidad, Libertad y Fraternidad. Había tempestades, perdíamos el rumbo, pero a la larga el avance era, o parecía, innegable. Entramos en aguas del siglo XX y aparecieron escollos imprevistos (Auschwitz, Hiroshima). La fe en el progreso se mantuvo, pero el horizonte fue cambiando. Seguimos navegando, seguimos soñando, pero ya no estamos seguros de adónde nos lleva el Progreso. El mar parece volverse de plástico y los puntos cardinales se desvanecen. ¿Dónde quedan ahora norte y sur? ¿Cómo podemos distinguir lo recto de lo torcido, la luz genuina de la luz artificial?

Buscamos tierra fértil y la encontramos en las orillas, pero el sueño ya ha cambiado. Ya no estamos en un océano, sino en los rápidos de un río revuelto, entre aguas que se van acelerando como si nos acercáramos a una cascada. El sueño empieza a ser pesadilla: aunque saltemos del barco, la fuerza de la corriente nos lleva hacia la caída (*co-lapso*: caída conjunta) en el abismo. Queda siempre una opción: despertar del sueño y de la pesadilla, despertar a una conciencia más amplia y más lúcida, darnos cuenta de que barco, océano, río y cascada están hechos de lo mismo que el pensamiento y la imaginación.

III

LA CONDICIÓN HUMANA BAJO EL PARADIGMA TECNOCRÁTICO

1 LA SOLUCIÓN NO ES TECNOLÓGICA

Aurelio Peccei, fundador del Club de Roma, señalaba que nuestra obsesión por los parámetros económicos nos hace ignorar las cuestiones filosóficas y estructurales que hay en su base.[1] Peccei añadía que quienes se niegan a reconocer los límites del crecimiento económico se están autoengañando hasta el ridículo (*making fools of themselves*).[2]

Laudato si' deja claro que, en una situación como la actual, no hemos de contemplar «solo los síntomas, sino también las causas más profundas» (§ 15). «No nos servirá describir los síntomas si no reconocemos la raíz humana de la crisis ecológica» (§ 101). Cuando vamos más allá de los síntomas, vemos, por ejemplo, que no hay «dos crisis separadas, una ambiental y otra social, sino una sola y compleja crisis socioambiental» (§ 139).

---

[1] Aurelio Peccei, *The human quality*, Pergamon, Oxford, 1977, p. 202.
[2] *Ibid*, p. 85: «Some of those are still making fools of themselves, refusing to admit that stern limits to human expansion do exist.»

Que la solución a los retos del mundo contemporáneo no vendrá de la innovación tecnológica es un tema recurrente en la encíclica:

> Las soluciones meramente técnicas corren el riesgo de atender a síntomas que no responden a las problemáticas más profundas. (§ 144)
>
> Cualquier solución técnica que pretendan aportar las ciencias será impotente para resolver los graves problemas del mundo si la humanidad pierde su rumbo. (§ 200)
>
> Buscar solo un remedio técnico a cada problema ambiental que surja es aislar cosas que en la realidad están entrelazadas y esconder los verdaderos y más profundos problemas del sistema mundial. (§ 111)[3]

Y la causa profunda, el problema fundamental, es el «paradigma tecnocrático dominante»:

> Hay un modo de entender la vida y la acción humana que se ha desviado y que contradice la realidad hasta dañarla. ¿Por qué no podemos detenernos a pensarlo? En esta reflexión propongo que nos concentremos en el paradigma tecnocrático dominante. (§ 101)

El concepto de *paradigma* fue definido por el filósofo Thomas Kuhn como «toda la constelación de creencias, valores, técnicas, etc., compartidos por los miembros de una comunidad».[4]

---

[3] Una formulación similar, haciendo referencia al patriarca ecuménico Bartolomé, invita a «encontrar soluciones no solo en la técnica sino en un cambio del ser humano, porque de otro modo afrontaríamos solo los síntomas» (§ 9).

[4] Esta es la definición de paradigma, en sentido amplio, que da Thomas

Laudato si' emplea reiteradamente la noción de paradigma: «paradigma tecnoeconómico» (§ 53 y 203), «paradigma homogéneo y unidimensional» (§ 106), «paradigma consumista» (§ 215), «paradigma eficientista de la tecnocracia» (§ 189) y, sobre todo, «paradigma tecnocrático» (§ 101, 108, 109, 111, 112 y 122). «El problema fundamental», señala la encíclica, es «cómo la humanidad de hecho ha asumido la tecnología y su desarrollo *junto con un paradigma homogéneo y unidimensional*» (§ 106). El paradigma tecnocrático es el corazón de la bestia que hoy está arrasando el mundo.

> En el origen de muchas dificultades del mundo actual, está ante todo la tendencia, no siempre consciente, a constituir la metodología y los objetivos de la tecnociencia en un paradigma de comprensión que condiciona la vida de las personas y el funcionamiento de la sociedad. (§ 107)

En una línea similar, Raimon Panikkar señalaba que «el destino global de la humanidad en el momento actual [...] está sujeto a la "esfinge" del complejo tecnocrático deshumanizado y artificial» (ORP II, 497). *Laudato si'* lamenta «la omnipresencia del paradigma tecnocrático» (§ 122):

> El paradigma tecnocrático también tiende a ejercer su dominio sobre la economía y la política. La economía asume todo desarrollo tecnológico en función del rédito, sin prestar atención a eventuales consecuencias negativas para el ser humano. (§ 109)

Kuhn en el apéndice de 1969 a *The structure of scientific revolutions*, obra que popularizó decisivamente este concepto (Thomas KUHN, *The structure of scientific revolutions*, The University of Chicago Press, Chicago, 1970, p. 175).

Donella Meadows, principal autora del ya citado informe *The limits to growth* ('Los límites del crecimiento'), explicaba que los cambios en una sociedad son más superficiales y menos duraderos cuando se quedan en el nivel de las cifras y de lo tangible, mientras que son más profundos y efectivos cuanto conciernen al paradigma dominante.[5] Por su parte, el filósofo y teólogo ortodoxo Philip Sherrard pedía «identificar con coherencia y claridad [...] el paradigma de pensamiento que sostiene y determina nuestra imagen actual de nosotros mismos y del mundo», pues de otro modo acabaremos «atacando los síntomas mientras seguimos siendo presa de las causas que los producen». Esto es especialmente importante porque los paradigmas están integrados tan hondamente en nuestro modo habitual de entender el mundo que a menudo no somos en absoluto conscientes de ellos.[6] Como señala la encíclica:

> los paradigmas de pensamiento realmente influyen en los comportamientos. La educación será ineficaz y sus esfuerzos serán estériles si no procura también difundir un nuevo paradigma acerca del ser humano, la vida, la sociedad y la relación con la naturaleza. De otro modo, seguirá avanzando el paradigma consumista que se transmite por los medios de comunicación y a través de los eficaces engranajes del mercado. (§ 215)

El paradigma dominante en el mundo contemporáneo, el paradigma tecnocrático, interpreta el conjunto de la realidad desde el prisma tecnológico: «La vida pasa a ser un abandonarse a las

---

[5] Donella MEADOWS, «Places to intervene in a system», *Whole Earth Catalogue*, núm. 91 (invierno de 1997).

[6] Philip SHERRARD, *Human image, world image*, Golgonooza, Ipswich, 1992, p. 10.

circunstancias condicionadas por la técnica, entendida como el principal recurso para interpretar la existencia» (§ 110). Todo tiende a ser evaluado en términos no humanos, sino puramente técnicos. La democracia se ha ido convirtiendo en tecnocracia: no manda la gente, sino la lógica tecnológica, «la exaltación tecnocrática que no reconoce a los demás seres un valor propio» (§ 118).[7] A veces, *tecnología* y *tecnocracia* pueden emplearse de manera indistinta: al principio de un texto sobre el «tecnocentrismo», Panikkar afirma que usa el término *tecnología* como «forma abreviada de "sistema tecnocrático", que expresa el conjunto tecnocrático que envuelve a la vida humana contemporánea»,[8] y añade que «hay una diferencia esencial entre técnica tradicional y tecnología contemporánea».[9] Esta diferencia esencial resulta de un cambio de conciencia, como explica Hans Blumemberg:

---

[7] Para aclarar el término *tecnocracia* me permito citar una obra mía anterior: «En los últimos treinta años la democracia ha ido siendo desplazada por la tecnocracia. La tecnocracia, como su nombre indica, es el control de la economía y de la sociedad a partir de criterios no humanos, sino exclusivamente técnicos. Tal como un ordenador funciona aplicando algoritmos (secuencias de reglas y cálculos), la tecnocracia solo atiende a modelos abstractos y secuencias de fórmulas y estadísticas. [...] La tecnocracia presume de eficiencia. A corto plazo y en ámbitos estrictamente cuantificables, parece obtenerla. A largo plazo y desde una perspectiva más amplia, vemos que no. Al reducirlo todo a abstracciones, pierde de vista el mundo real y en vez de eficiencia genera negligencia.» (Jordi PIGEM, *La nueva realidad*, Kairós, Barcelona, 2013, p. 16 y 25-26)

[8] Raimon PANIKKAR, «El "tecnocentrisme", algunes tesis sobre tecnologia», en *La nova innocència*, La llar del Llibre, Barcelona, 1991, p. 111. Este artículo se basa en un texto anterior en francés, «Quelques thèses supplémentaires sur la technologie», en André MERCIER (ed.), *Philosophie et technique. Philosophy and technology*, Institut International de Philosophie, Berna / París, 1984, p. 61-72.

[9] *Ibid.*, p. 112.

El crecimiento del potencial técnico no es solo la continuación o la aceleración de un proceso que abarca toda la historia de la humanidad. Más bien, el incremento cuantitativo de prestaciones y medios técnicos solo se puede derivar de una nueva cualidad de la conciencia. En el crecimiento del ámbito de la técnica habita una voluntad que se enfrenta conscientemente a una realidad alienada para extraer violentamente de ella una nueva «humanidad».[10]

La tecnología multiplica maravillosamente nuestras posibilidades, pero a menudo también instrumentaliza nuestra experiencia directa y nos seduce una y otra vez a dejar de estar plenamente presentes. Sin duda, cuando la tecnología se emplea como instrumento, con plena conciencia, es muy útil; en la sociedad hipertecnológica, sin embargo, la tendencia predominante es a que la persona se convierta en una especie de engranaje al servicio de la eficiencia tecnológica. La lógica tecnológica lleva el volante: ¿sabemos realmente adónde nos conduce?

Además de que la tecnología se ha convertido en el factor tangible que más altera la Tierra, también ha cambiado radicalmente nuestra forma de apreciar y de entender el mundo. La tecnología no solo tiene que ver con los artefactos técnicos, sino con toda una constelación de maneras de entender y de actuar que se despliega bajo una «férrea lógica» (§ 108). Guardini se refiere al «complejo de conocimientos y representaciones formales, capacidades y procedimientos que designamos

---

[10] Hans BLUMENBERG, *Die Legitimität der Neuzeit*, Suhrkamp, Fráncfort, 1988, p. 152 (*La legitimación de la edad moderna*, Pre-Textos, Valencia, 2008, p. 137); corrijo, a partir de ahora, matices de la traducción castellana, recuperando aquí, por ejemplo, el tiempo presente: «no es» [*ist nicht*], «abarca» [*umspannt*], etc.

con la palabra *técnica*» (ENM 50 [73]).[11] Las tecnologías concretas pueden tener enormes beneficios sin apenas contrapartidas (como las bicicletas) o pueden ver contrarrestada su aparente utilidad por impactos enormes y duraderos que no sabemos cómo gestionar (como los residuos que cotidianamente generan las centrales nucleares). Pero lo que estamos explorando no es la utilidad de determinadas tecnologías, sino la esencia del paradigma tecnocrático.

Sería ingenuo creer que podemos cambiar de paradigma como quien cambia de anteojos y emplear la técnica como mero instrumento: «los objetos producto de la técnica no son neutros», sino que «orientan las posibilidades sociales» y «crean un entramado que acaba condicionando los estilos de vida» (§ 107). Hoy la lógica interna de la técnica lo impregna casi todo, y se requiere un esfuerzo para pensar más allá de sus parámetros:

> No puede pensarse que sea posible sostener otro paradigma cultural y servirse de la técnica como de un mero instrumento, porque hoy el paradigma tecnocrático se ha vuelto tan dominante que es muy difícil prescindir de sus recursos, y más difícil todavía es utilizarlos sin ser dominados por su lógica. […] De hecho, la técnica tiene una inclinación a buscar que nada quede fuera de su férrea lógica. (§ 108)

---

[11] Albert Borgmann, filósofo cristiano especializado en la cuestión tecnológica, también entiende por *tecnología* no solo un conjunto de aparatos, sino el tipo de cultura que caracteriza a sociedades como la nuestra: «Technology, in this context, is meant to designate not just an ensemble of machines and procedures, but a type of culture, the kind that is characteristic of the advanced industrial societies» (Albert BORGMANN, *Power failure. Christianity in the culture of technology*, Brazos, Grand Rapids, 2003, p. 7).

La misma lógica que dificulta tomar decisiones drásticas para invertir la tendencia al calentamiento global es la que no permite cumplir con el objetivo de erradicar la pobreza. (§ 175)

Miramos la realidad a través del prisma tecnológico. El criterio predominante de evaluación es la eficiencia tecnológica. Lo que determina el grado de evolución de una sociedad hoy creemos que es su nivel tecnológico, en vez de ser, por ejemplo, la justicia de su organización social, el equilibrio de su relación con el mundo, la belleza de su arte o la profundidad de su sabiduría.

Panikkar señalaba que la tecnocracia constituye «el carácter específico» de la civilización contemporánea.[12] El filósofo contemporáneo Hubert Dreyfus considera que hoy vivimos inmersos en la «interpretación tecnológica del ser» (*technological understanding of being*).[13] Hay varias maneras de dotar

---

[12] Panikkar, «El "tecnocentrisme"...», p. 115.

[13] Hubert Dreyfus, *Being-in-the-World*, The MIT Press, Cambridge, 1991, p. 339: «dado que [una experiencia más lúcida de la realidad] requiere una vida fuera de la interpretación tecnológica del ser que hoy predomina y en la que todos estamos socializados, sin que seamos todavía capaces de alcanzar otra comprensión, es necesaria una lucha para alcanzarla, que requiere un continuo repensar la historia de nuestra comprensión occidental del ser». *Cf.* también Hubert Dreyfus / Sean Kelly, *All things shining*, Free Press, Nueva York, 2011. Heidegger emplea la expresión prácticamente equivalente *technischen Auslegung der Welt* ('interpretación tecnológica del mundo') en su comentario al himno de Hölderlin «Andenken», y lamenta la *technischen Auslegung des Denkens* ('interpretación tecnológica del pensar') en la «Carta sobre el humanismo».

de sentido a nuestra experiencia del mundo —hasta que las circunstancias, a veces, nos llevan a darle otro sentido. Dreyfus contrasta la actual interpretación *tecnológica* del ser con, por ejemplo, la interpretación de el ser como *physis* en la Grecia homérica, como *poiesis* en la Grecia clásica o como *creatio* en la Edad Media europea. La interpretación tecnológica del ser es una interpretación cada vez más cuestionable, alimenta «los criterios obsoletos que siguen rigiendo al mundo» (§ 189) y se ha vuelto ella misma obsoleta.

La interpretación tecnológica del ser, que encajaba como un guante con la física clásica, llegó a una especie de reducción al absurdo a partir de Bohr, Heisenberg y Gödel. Y llega a una reducción al absurdo todavía más obvia al colisionar, ahora, contra los límites de la biosfera y de la condición humana.

Una característica esencial de la interpretación tecnológica del ser es la *reificación*, es decir, la tendencia a reducir todo lo que se manifiesta en nuestra experiencia a simples objetos cuantificables (y, ahora, digitalizables), controlables y manipulables. La reificación, que empieza en la mente y en la mirada, nos exilia de un mundo de cualidades, relaciones y matices, intrínsecamente dinámico y vibrante, para llevarnos a un mundo de cosas y cifras, un mundo cuadriculado y estático. Nuestra experiencia de la realidad, y la realidad misma, se vuelve más pobre y más controlable. La lógica tecnocrática aplana la profundidad de la presencia de las personas y de todos los seres.

La interpretación tecnológica del ser tiende a considerar real solo aquello que:
- es reducible a objeto (*reificación*);
- es cuantificable (olvido de las cualidades, *reduccionismo*),
- es explicable en términos mecánicos (*mecanicismo*).

Desde esta perspectiva, algo se considera más real cuanto más controlable y reducible a datos y algoritmos es. En consecuencia, se impone la creencia de que el conocimiento genuino ha de ser reducible a datos; las lenguas humanas, a sistemas de transmisión de datos; la educación, a asimilación y tratamiento de información; el desarrollo, a expansión tecnológica; la inteligencia, a cálculo; y el propósito de la existencia humana, a...

¿Cuál puede ser el propósito de la existencia humana en la interpretación tecnológica del ser?

El proceso reificador es un acto de violencia epistemológica. No contempla a los seres en la red de relaciones de la que forman parte. Ignora sus cualidades y su integridad. Todo queda reducido a objeto, y el sujeto también queda reificado: olvida su propia presencia, exiliado en un mundo de abstracciones. El sujeto y el objeto, en vez de aparecer como los polos inseparables de una relación, quedan escindidos, alienados y enfrentados.[14]

Cuanto más se separa el sujeto del objeto y se le enfrenta, más lo reifica y más mecaniza su imagen para intentar hacerlo controlable: más lo reduce, en un acto de violencia ontológica, a los parámetros del paradigma tecnocrático. De esta violencia ontológica, intangible y silenciosa, surge la violencia tangible y estridente. Esto ha sido expresado con particular contundencia por Heidegger. El pensamiento heideggeriano tiene un relieve escarpado e incluye abismos como la incapacidad de reconocer el mal y la falta de conciencia moral respecto al Tercer Reich. Pese a ello, las palabras siguientes,

---

[14] Lo exploré en el capítulo «Arrebato del hombre, desencanto del mundo» de *La odisea de Occidente*, Kairós, Barcelona, 1994, p. 27-38.

pronunciadas en una conferencia impartida en Zúrich el 6 de noviembre de 1951 (el mismo año en que Guardini publica *Die Macht* ['El poder']), ayudan a comprender las implicaciones de la violencia ontológica:

> La bomba atómica explotó hace ya mucho tiempo, en el instante en que el ser humano se alzó contra el ser y lo colocó frente a sí como objeto de representación. Así ha sido desde Descartes. La representación del ser como objeto a través de un sujeto se consuma deliberadamente a partir de Descartes. Este provocar a la naturaleza, reduciéndola a objeto, caracteriza la postura fundamental de la técnica y sostiene toda ciencia moderna.[15]

El *Discurso del método* de Descartes, piedra angular de la mentalidad moderna, invita explícitamente a «convertirnos como en dueños y poseedores de la naturaleza».[16] Desde entonces crece un antagonismo entre el sujeto y el objeto que impregna el paradigma que hoy predomina, como señala *Laudato si'*:

> En él se destaca un concepto del sujeto que progresivamente, en el proceso lógico-racional, abarca y así posee el objeto que se halla afuera. Ese sujeto se despliega en el establecimiento del método científico con su experimentación, que ya es explícitamente técnica de posesión, dominio y transformación. […] Ahora lo que interesa es extraer todo lo posible de las cosas por la imposición de la mano humana, que tiende a ignorar u olvidar la realidad misma de lo que tiene delante. Por eso, el ser humano y las cosas

---

[15] Martin HEIDEGGER, «Zürcher Seminar», en *Seminare* (*Gesamtausgabe*, vol. 15), Vittorio Klostermann, Fráncfort, 1986, p. 433: «Die Atombombe ist längst explodiert; nämlich im dem.»

[16] René DESCARTES, *Discours de la Méthode*, VI: «[…] et ainsi nous rendre comme maîtres et possesseurs de la nature».

han dejado de tenderse amigablemente la mano para pasar a estar enfrentados. (§ 106)

2 CONTROL, DOMINIO Y POSESIÓN

Contemporáneo de Guardini, el también católico convencido J. R. R. Tolkien describe en una larga carta de 1951 el trasfondo filosófico de sus obras. Tolkien observa una sed de Poder, con finalidad dominadora y corrupta, en la creciente sustitución de nuestros talentos innatos por aparatos mecánicos, y lo sintetiza con la expresión *bulldozing the real world*.[17] Un *bulldozer* es una excavadora, y el verbo *to bulldoze* tiene en inglés, desde la época de Tolkien, el sentido de aplanar violentamente (embistiendo como un toro, *bull*). El gran autor y filólogo, maestro de la lengua inglesa, dice por tanto: «aplanar violentamente el mundo real, embistiéndolo». Las excavadoras, efectivamente, aplanan bosques y montes, espacios naturales y espacios humanos. Pero Tolkien habla metafóricamente. Lo que señala se aplica igualmente a tecnologías mucho más silenciosas y sutiles, pero no menos poderosas, que una excavadora. Y se aplica también al paradigma tecnocrático.

En aquel mismo año de 1951, mientras Tolkien denuncia el *bulldozing the real world* y Heidegger denuncia que la técnica provoca a la naturaleza para reducirla a objeto, Guardini escribe:

---

[17] J. R. R. TOLKIEN, *The Silmarillion*, HarperCollins, Londres, 1999, p. XIII): «with the corrupted motive of dominating: bulldozing the real world, or coercing other wills».

III LA CONDICIÓN HUMANA BAJO EL PARADIGMA TECNOCRÁTICO

El conocimiento y la técnica ahora rompen los ritmos y formas naturales. Los elementos quedan expuestos a la intervención. La naturaleza deja de ser un orden lleno de grandeza y a la vez acogedor y se convierte en una masa de energías y materiales a disposición del hombre. [...] Se impone el sentimiento de que puede apropiarse de ella con una libertad ilimitada y hacer con ella lo que quiera, sea para la prosperidad o para la ruina. (ENM 159 [231])

꠶

Hoy los ideales clásicos de verdad, bondad y belleza, o el antiguo ideal de la sabiduría o de la vida en armonía con el mundo, son eclipsados por valores «prácticos», como la utilidad y la seguridad. A lo largo de los siglos, uno de los ideales de la cultura occidental fue la convergencia (afirmada por Platón) entre lo Bueno, lo Bello y lo Verdadero. La cultura clásica griega admiraba la *kalokagathia* (la condición de bello-y-bueno). La cultura contemporánea, en cambio, ¿en qué cree? ¿En la bondad, la verdad y la belleza, o en el poder y la eficiencia?

Ya Nietzsche hacía una crítica contundente de «nuestro ser moderno», encontrando por doquier lo que los antiguos griegos llamaban *hybris*, es decir, 'orgullo sacrílego':

Incluso medido con el metro de los antiguos griegos, todo nuestro ser moderno [...] se presenta como pura *hybris* e impiedad [...]. *Hybris* es hoy toda nuestra actitud con respecto a la naturaleza, nuestra violentación de la misma con ayuda de las máquinas y de la tan irreflexiva inventiva de los técnicos e ingenieros; *hybris* es hoy nuestra actitud con respecto a Dios [...]; *hybris* es nuestra actitud con respecto a *nosotros* —pues con nosotros hacemos experimentos [...] y, satisfechos y curiosos, nos sajamos el alma en carne viva: ¡qué nos importa ya a nosotros la «salud» del alma![18]

Guardini ve un peligro en «el efecto que el poder como tal, es decir, la violencia, ejerce sobre la existencia». A diferencia del poder y la violencia, lo que tiene que ver «con la verdad y con lo bueno y lo justo, solo se realiza a través de la apropiación viviente, de la convicción genuina y de la responsabilidad interior. Eso a su vez exige reverencia, estímulo y paciencia» (ENM 151 [222-223]).

> Para Platón, el tirano, es decir, el que detenta el poder sin veneración por los dioses y sin atender a lo que es legítimo, es una figura de perdición... La era moderna ha ido olvidando cada vez más este saber. Lo que ocurre en ella —la negación de todo modelo que esté por encima del ser humano, la concepción del poder por sí mismo, el uso del poder solo para la renta política y para la utilidad económica y tecnológica— es algo sin precedentes en la historia. (ENM 152-153 [224])

La era moderna niega, escribe Guardini, todo modelo que esté por encima del ser humano. «El derroche de la creación comienza donde no reconocemos ya ninguna instancia por encima de nosotros», afirma *Laudato si'* (§ 6). Lo único que reconocemos por encima de nosotros son los espejismos tecnocráticos y cibernéticos, que han surgido de la mente humana y que ahora sirven por menospreciar la vida y la interioridad humanas.

---

[18] Friedrich NIETZSCHE, *La genealogía de la moral*, Alianza, Madrid, 1981, p. 131-132. En la traducción de Andrés Sánchez Pascual.

III LA CONDICIÓN HUMANA BAJO EL PARADIGMA TECNOCRÁTICO

En cualquier caso, «el inmenso crecimiento tecnológico no estuvo acompañado de un desarrollo del ser humano en responsabilidad, valores, conciencia» (§ 105):

> La energía nuclear, la biotecnología, la informática, el conocimiento de nuestro propio ADN y otras capacidades que hemos adquirido nos dan un tremendo poder. Mejor dicho, dan a quienes tienen el conocimiento, y sobre todo el poder económico para utilizarlo, un dominio impresionante sobre el conjunto de la humanidad y del mundo entero. Nunca la humanidad tuvo tanto poder sobre sí misma y nada garantiza que vaya a utilizarlo bien, sobre todo si se considera el modo como lo está haciendo. (§ 104)

> Es posible que hoy la humanidad no advierta la seriedad de los desafíos que se presentan, y «la posibilidad de que el hombre utilice mal el poder crece constantemente» […]. El ser humano […] está desnudo y expuesto frente a su propio poder, que sigue creciendo, sin tener los elementos para controlarlo. (§ 105)[19]

Como señalaba Guardini:

> El hombre tiene cada vez más poder sobre el hombre mismo, más capacidad de influencia en el cuerpo, en el alma y en el espíritu; pero ¿en qué dirección lo hará? (ENM 149 [220])

> La Antigüedad […] veía la grandeza del hombre, pero también el hecho de que a pesar de su poder es muy vulnerable, y que su existencia requiere que sepa preservar la mesura y el equilibrio. (ENM 152 [224])

---

[19] Guardini, nuevamente, es el autor citado entre comillas (ENM 70 [94]).

En el transcurso de la era moderna el poder sobre los seres, sean cosas o personas, crece más y más desorbitadamente, mientras que el sentido de la responsabilidad, la claridad de la conciencia y la fortaleza del carácter no crecen de ningún modo al mismo ritmo. (ENM 70 [94])

El hombre moderno no está preparado para utilizar el poder con acierto. (ENM 76 [101])[20]

⁂

La voluntad de dominar la naturaleza ha formado parte del proyecto cultural de la Modernidad desde Descartes. Pero tiene raíces mucho más antiguas.

Hace poco más de medio siglo, el 26 de diciembre de 1966, el profesor de historia medieval Lynn White pronunció una conferencia en Washington en la que vinculaba la voluntad de dominar la naturaleza con el relato bíblico de la creación. El año siguiente publicó en *Science* un artículo, «The historical roots of our ecologic crisis» ('Las raíces históricas de nuestras crisis ecológica'), que ha generado un largo debate desde entonces. Es importante subrayar que, en ese mismo artículo, Lynn White se declaraba hombre de Iglesia, invitaba a «una visión cristiana alternativa» y proponía a san Francisco de Asís como santo patrón de la actitud ecológica.

Laudato si' menciona dos veces que se ha visto en el relato del Génesis una invitación a «"dominar" la tierra» (§ 66 y 67).[21] Dada la importancia de esta cuestión, vale la pena que nos detengamos en ella. El pasaje clave es Gn 1,28:

[20] Citado en *Laudato si'*, § 105.
[21] «[...] el mandato de "dominar" la tierra (*cf.* Gn 1,28)» (§ 66); «se ha dicho que, desde el relato del Génesis que invita a "dominar" la tierra (*cf.* Gn 1,28)»

Y bendixo los Dios, y dixo les Dios: Frutificad y multiplicad, y henchid la tierra, y sojuzgadla, y señoread en los peces de la mar, y en las aves de los cielos, y en todas las bestias que se mueven sobre la tierra. (*Biblia del Oso*, edición de Casimiro de Reina, 1569)

Dios los bendijo y les dijo: «Sean fecundos y multiplíquense. Llenen la tierra; sojúzguenla y tengan dominio sobre los peces del mar, las aves del cielo y todos los animales que se desplazan sobre la tierra». (Versión Reina-Valera, actualizada en 2004)

La palabra clave es aquí *sojuzgadla*/*sojúzguenla*. Desde la perspectiva contemporánea, como reconoce la encíclica, no podemos aceptar una invitación a «la explotación salvaje de la naturaleza» ligada a «una imagen del ser humano como dominante y destructivo» (§ 67). Ahora bien, el pasaje citado dice lo que dice, y todas las traducciones fiables emplean palabras semejantes. No cabe duda de que en otros pasajes el relato judío de la creación es más amable. *Laudato si'*, sin ir más lejos, invita a «"labrar y cuidar" el jardín del mundo» citando Gn 2,15, y aclara que «"cuidar" significa proteger, custodiar, preservar, guardar, vigilar. Esto implica una relación de reciprocidad responsable» (§ 67).

Pero se mantiene el problema con el pasaje citado de Gn 1,28, que dice claramente «sojuzgar» o «someter», *kabash*. El verbo hebreo *kabash* aparece un total de catorce veces en el Antiguo Testamento, con significados siempre violentos, como 'someter a esclavitud' (2Cr 28,10; Neh 5,5; Jer 34,11; Jr 34,16) e incluso 'violar' (Est 7,8).[22]

(§ 67). Las comillas de «dominar» no aparecen en la edición italiana (*soggiogare la terra*).
[22] *Cf.* los grandes diccionarios de referencia del hebreo bíblico (Strong [3533], Brown-Driver-Briggs).

Sojuzgar a los otros seres sintientes, en vez de verlos como hermanos. Estas palabras de Gn 1,28, ¿podría haberlas proferido el Dios de san Francisco? Por supuesto que no. Raimon Panikkar no expresaba una opinión minoritaria al afirmar que «la idea de Dios que encontramos en el Evangelio, especialmente en Juan, dista mucho de la del Yahvé de la tradición judía» (ORP VIII, 123).[23] ¿Por qué el cristianismo se siente obligado a asumir cada línea de la antigua herencia judía? En cualquier caso, esta incómoda expresión veterotestamentaria choca de lleno con el sentido de *Laudato si'* y con el sentido de lo que hoy nos pide el mundo.

Panikkar señalaba que «la característica epistemológica de la tecnología es el conocimiento como poder: el control».[24] El conocimiento tecnocrático se orienta a controlar y a poseer. Pero hoy nos toca abandonar la actitud «del dominador, del consumidor o del mero explotador de recursos» y abrirnos a un sentido de maravilla ante el mundo: nos toca

---

[23] Panikkar añade: «No es de nuestra incumbencia dilucidar aquí la debatida cuestión exegética sobre si Jesús, el "hijo del Hombre", se autoproclamó literalmente "hijo de Dios", afirmación carente de sentido dentro de un rígido monoteísmo. Pero parece fuera de discusión que la figura de su "Padre" no concordaba con la concepción ortodoxa de Yahveh» (ORP VIII, 124). Panikkar pidió durante decenios «un segundo Concilio de Jerusalén», dado que «la Iglesia cristiana [...] debe decidir [...] si tiene el coraje de seguir el ejemplo del primer Concilio que rompió con el judaísmo y abolió el pacto fundacional de Yahveh» (ORP VI.1, 173); en la misma página, Panikkar sugiere que convendría (también para el pueblo judío) que «una Iglesia adulta» corte «el cordón umbilical con el judaísmo».

[24] PANIKKAR, «El "tecnocentrisme"...», p. 126. Añade más adelante: «La tecnología promete este control. Ofrece poder.»

renunciar «a convertir la realidad en mero objeto de uso y de dominio» (§ 11).

Panikkar hablaba de un *imperativo tecnocrático* que ordena: «Si puede hacerse, entonces debe hacerse» (ORP II, 625-626). La encíclica cita nuevamente a Guardini para afirmar que en el fondo la técnica «no se dirige ni a la utilidad ni al bienestar, sino al dominio; el dominio, en el sentido más extremo de la palabra», un dominio orientado a «controlar tanto los elementos de la naturaleza como los de la existencia humana» (§ 108 = ENM 51 [74]). Pero Guardini también señala que el poder parece que «se nos escapa» y «se determina a sí mismo»:

> Aún más: el desarrollo de los acontecimientos da la impresión de que el poder cobra objetividad, de que, en general, en el fondo ya no es poseído y utilizado por el hombre, sino que el poder se nos escapa y, a partir de la lógica interna del modo científico de plantear las cuestiones, de los problemas técnicos y de las expectativas políticas, se determina a sí mismo a actuar. (ENM 71 [94-95])

Como hemos visto, *Laudato si'* afirma que la técnica «tiene una inclinación a buscar que nada quede fuera de su férrea lógica» (§ 108). Una consecuencia de esta lógica es que a fin de «reducir costos de producción» se da una «disminución de los puestos de trabajo, que se reemplazan por máquinas», con lo cual «la acción del ser humano puede volverse en contra de él mismo» (§ 128). La tendencia «a producir automatismos y a homogeneizar, en orden a simplificar procedimientos y a reducir costos» (§ 141), puede ir contra lo que es bueno para las personas. Pero lo que Guardini sugiere es algo más inquietante.

La idea de que no conducimos el desarrollo tecnológico, sino que él nos conduce a nosotros, la encontramos también, con diferentes matices, en tres filósofos que reflexionaron a fondo sobre la tecnología:

> La técnica no es simplemente ni principalmente algo humano. La técnica, en su esencia, es una forma muy específica de revelación del Ser. (Martin Heidegger)[25]

> Entiendo por autocrecimiento el hecho de que todo acontece como si el sistema técnico creciera por una fuerza interna, intrínseca y sin intervención decisiva del hombre. (Jacques Ellul)[26]

> La tecnología necesita máquinas especiales, las herramientas de segundo grado, que imponen al hombre sus reglas propias e independientes. La máquina de segundo grado se vuelve indispensable, y el hombre ha de ceder a las exigencias de sus operaciones. [...] La tecnología es en ella misma un instrumento que pronto se transforma en fin. [...] Occidente, hoy [...] se está despertando de un sueño según el cual el hombre era capaz de dominar el sistema tecnológico. [...] Ya no cree que sea posible liberarse del sistema tecnológico. Es este el que dicta todavía el estilo de vida, los valores dominantes y los ritmos de la colectividad. [...] La máquina de segundo grado tiene sus propias regularidades, que no dependen ni de leyes de la naturaleza ni de leyes humanas. (Raimon Panikkar)[27]

---

[25] Martin HEIDEGGER, *Seminare*, Vittorio Klostermann, Fráncfort, 1986, p. 433. *Cf.* también IDEM, «Die Frage nach der Technik», en *Vorträge und Aufsätze*, vol. I, Günter Neske, Pfullingen, 1954, p. 26 y 31.

[26] Jacques ELLUL, *Le systéme technicien*, Calmann-Lévy, París, 1977, p. 229. *Cf.* también Albert FLORENSA, *La vida humana en el medi tècnic. El pensament de Jacques Ellul*, Claret, Barcelona, 2010, p. 85-114 y 145-156.

[27] PANIKKAR, «El "tecnocentrisme"...», p. 113-118.

Hoy se da un crecimiento exponencial del poder y un incremento descontrolado del control, que algo tienen que ver con las tendencias autodestructivas del mundo contemporáneo. El poder es más poderoso cuanto menos invisible y cuestionado es: cuando empieza a ser cuestionado, empieza a declinar.[28] En cualquier caso, el hecho de que el poder tecnológico pueda escapar a nuestras manos tiene consecuencias gravísimas.

Guardini abre aquí una perspectiva inquietante:

> Sí, esto significa que el poder se demoniza. [...] Cuando la conciencia humana no asume la responsabilidad del poder, los demonios se apoderan de él. [...] Estos demonios son los que dirigen el poder del hombre: con sus instintos aparentemente tan naturales pero en realidad tan antagónicos; con su lógica aparentemente tan consecuente pero en realidad tan fácilmente manipulable; con su egoísmo tan desesperado por debajo de toda la brutalidad. Cuando se contemplan los acontecimientos de los últimos años sin prejuicios racionalistas y naturalistas, las formas de actuar y sus disposiciones psíquicas y espirituales hablan con suficiente claridad. (ENM 71-72 [95-96])[29]

---

[28] *Cf.* Byung-Chul HAN, *Was ist die Macht?*, Reclam, Stuttgart, 2005, p. 9: «Je mächtiger die Macht ist, desto *stiller* wirkt sie» («Cuanto más poderoso es el poder, más *silenciosamente* actúa»).

[29] Con «acontecimientos de los últimos años» Guardini se refiere al Tercer Reich. Y su referencia a los «demonios» no es metafórica: «Y con esta palabra [*Dämonen*, 'demonios'] no queremos usar un recurso del periodismo irreflexivo, sino que nos referimos precisamente a lo que dice la revelación: seres espirituales, creados buenos por Dios pero caídos de su lado, que han optado por el mal y ahora están determinados a corromper la creación» (ENM 71 [95]). También el filósofo contemporáneo Charles Taylor ha hablado de «algo demoníaco» (*something demonic*) que se manifestó en el Tercer Reich (Charles TAYLOR, «Heidegger, language and ecology», en Hubert DREYFUS / Harrison HALL, *Heidegger. A critical reader*, Blackwell, Cambridge / Oxford, 1992, p. 266).

Tolkien señala en 1951 que la Máquina está «más relacionada con la Magia de lo que se acostumbra a reconocer».[30] En aquel mismo año, Guardini escribe:

> Por tanto, si el empleo del poder continúa desarrollándose en esta dirección, no podemos imaginar qué pasará en las personas mismas que detentan ese poder —devastaciones éticas y perturbaciones anímicas de un tipo nunca antes experimentado. (ENM 153 [225])

3 EL EMPOBRECIMIENTO DE LA EXPERIENCIA

Las tecnologías deberían hacernos la vida más fácil sin empobrecerla existencialmente. Pero el paradigma tecnocrático, por su propia naturaleza, es incompatible con la interioridad humana y con la sostenibilidad. Es incompatible con la vida: con la vida biológica, con la vida interior y con la vida espiritual. Emana del nihilismo. Y lo afianza.

La reificación del objeto lleva a la reificación del sujeto. La reificación del mundo acaba resultando en la reificación del yo. Machig Labdrön, la maestra más extraordinaria en los inicios del budismo tibetano, expresaba algo semejante:

> El origen del «demonio» es nuestra propia mente.
> Cuando la mente aprehende los fenómenos y se aferra a ellos se hace «presa del demonio».

---

[30] Carta a Milton Waldman de 1951, reproducida en TOLKIEN, *The Silmarillion*, p. XIII. La relación entre el dominio de la naturaleza y la magia es explícita en Francis Bacon (*cf.* por ejemplo, Hans BLUMENBERG, *Die Genesis der kopernikanischen Welt*, Suhrkamp, Fráncfort, 1996, p. 321).

Cuando se toma a sí misma como objeto, se envenena.[31]

Ese envenenarse es una forma de alienación. La interioridad no puede evitar sentirse alienada en un mundo cada vez más reificado. En la reificación total lo que queda es nada, aniquilación. La aniquilación de la interioridad es la aniquilación de la realidad.

El ser humano «nunca puede ser reducido a la categoría de objeto» (§ 81). Pero hoy el paradigma tecnocrático es como un molde reificador que se impone en todos los ámbitos, también en nuestra comprensión de la vida humana:

> Los efectos de la aplicación de este molde a toda la realidad, humana y social, se constatan en la degradación del ambiente, pero este es solamente un signo del reduccionismo que afecta a la vida humana y a la sociedad en todas sus dimensiones. (§ 107)

El paradigma tecnocrático, al poner datos y cosas por delante de las personas, nos presenta una realidad unidimensional, empobrecida, ajena y enajenada, mientras eclipsa la realidad del mundo vivo y de la interioridad. Darnos cuenta de ello no es una invitación a regresar al pasado,[32] sino a abrirnos a una nueva interpretación del ser que sea coherente con nuestra experiencia.

> La ciencia y la tecnología no son neutrales, sino que pueden implicar desde el comienzo hasta el final de un proceso diversas

---

[31] Citado en Matthieu RICARD, *Chemins spirituels. Petite anthologie des plus beux textes tibétains*, Nil, París, 2010, p. 298.

[32] *Cf.*, en este sentido, ORP VI.1, 433: «Esto no significa que en tiempos pasados no hubiera problemas, de los cuales también podemos aprender. Paz no significa mantener un *statu quo* que se revela injusto.»

intenciones o posibilidades, y pueden configurarse de distintas maneras. Nadie pretende volver a la época de las cavernas, pero sí es indispensable aminorar la marcha para mirar la realidad de otra manera, recoger los avances positivos y sostenibles y a la vez recuperar los valores y los grandes fines arrasados por un desenfreno megalómano. (§ 114)

Para vivir en la alienación de un mundo reificado necesitamos muletas. Muchas tecnologías son como una especie de muletas existenciales: nos ayudan a caminar en un mundo desencantado. El problema, claro está, no son las muletas, sino la alienación que intentan mitigar y que momentáneamente consiguen ocultar.

En palabras de Guardini, las personas «son tratadas como objetos cada vez con más naturalidad» a partir de un proceso que surge de «una transformación estructural de la experiencia del propio yo y de su relación con el otro» (ENM 54 [77-78]). Este empobrecimiento de la experiencia, ¿no es un aspecto clave de la sensación contemporánea de desarraigo y falta de sentido? Panikkar escribía:

> Es a veces sorprendente ver hasta qué punto se ha reducido la experiencia de la realidad por parte de los hombres envenenados por el complejo tecnocrático. Las únicas excepciones son, a menudo, los artistas y los místicos. (ORP VIII, 219)

> Creo que hay una regresión del *homo sapiens* al *homo technologicus* y que este cambio cualitativo ha exigido una reestructuración cualitativa de nuestra existencia. (ORP X.1, 450-451)

El incremento del poder de nuestros instrumentos, ¿es paralelo a un incremento de nuestra sensibilidad y de nuestras cualidades más humanas? En algunas personas, quizá. En general, sin embargo, Horkheimer constataba que no: «A medida que sus telescopios y microscopios, sus radios y grabaciones, se vuelven más sensibles, los individuos se vuelven más ciegos, más duros de oído, más insensibles, la sociedad más opaca, desesperada.»[33] Como observa Guardini, el empobrecimiento de nuestra experiencia se manifiesta también en nuestra relación con la naturaleza:

> Si no me equivoco, desde hace algún tiempo —quizá desde los años treinta— se ha dado un giro en la relación con la naturaleza. El ser humano ya no la siente como riqueza maravillosa, entorno armonioso, orden sabio, don rebosante de bondad en el que puede confiar. Ya no hablaría de una «madre naturaleza»; más bien, se la presenta como algo extraño y peligroso. (ENM 49 [72])

> En general esta naturaleza no puede ya ser sentida si no es con sentimientos muy lejanos y limitados: como algo absolutamente extraño, que no podemos vivenciar y con lo que no nos podemos comunicar. (ENM 62 [85-86])

La reificación no tiene futuro porque degrada nuestra experiencia y crea graves disonancias. Tarde o temprano tales disonancias crecen hasta estallar como alienación y contaminación, anomia y colapso.

Como ya vio Hannah Arendt, la época moderna se diría que es mundana, pero en realidad se ha alienado del mundo:

> Incluso si aceptamos que la época moderna empezó con un súbito e inexplicable eclipse de la trascendencia, o de la creencia en

---

[33] Max HORKHEIMER, *Dawn and decline. Notes 1926-1931 and 1950-1969*, Seabury, Nueva York, 1978, p. 162.

el más allá, de ningún modo se seguiría que esta pérdida lanzó a los hombres al mundo. La evidencia histórica, contrariamente, muestra que los hombres modernos no fueron arrojados al mundo, sino sobre sí mismos.[34]

Esta alienación, que hace que toda la realidad quede reducida a «experiencias entre uno y sí mismo [*between man and himself*]», es una fuga del mundo, hacia una maraña de abstracciones cada vez con menor sentido y, como también vio Arendt, cada vez más peligrosas:

> El problema con las teorías modernas del conductismo no es que sean falsas, sino que podrían volverse ciertas, puesto que son la mejor conceptualización posible de algunas tendencias obvias de la sociedad moderna. Es muy posible que la época moderna —que empezó con una explosión de actividad prometedora y sin precedentes— acabe en la pasividad más inerte y estéril que jamás haya conocido la historia.[35]

4 LA TECNOCRACIA CONTRA LA TRASCENDENCIA

El psiquiatra Joel Kovel observó hace ya muchos años que «la tecnocracia y la trascendencia se excluyen mutuamente».[36] No puede haber tecnocracia sin represión de la trascendencia. Toda trascendencia es un vínculo con algo no tangible y no

---

[34] Hannah ARENDT, *The human condition*, University of Chicago Press, Chicago, 1958, p. 253-254.
[35] *Ibid.*, p. 322.
[36] Joel KOVEL, «Schizophrenic being and technocratic society» (en Daniel Michael LEVIN [ed.], *Pathologies of the modern self*, New York University

reificable, y eso resulta incomprensible (e intolerable) para el paradigma tecnocrático, que lo reduce todo a lo tangible, reificable, cuantificable y burocratizable. La tecnocracia es incompatible con la trascendencia, porque es incompatible con la interioridad. Y es incompatible con la interioridad porque es incompatible con lo intangible. La tecnocracia es incapaz de aceptar lo intangible.

※

El mundo digital pretende emular atributos tradicionales del Dios absoluto, como la omnipresencia, la omnisciencia y la omnipotencia. Todo, datos y personas, ha de ser accesible desde todas partes (omnipresencia). Todo lo que existe o ha existido ha de poder ser algún día digitalizable (omnisciencia) y manipulable (omnipotencia). En *The religion of technology*, el historiador David Noble mostraba que la tecnología no solo ha desplazado a la religión, sino que ha ocupado su rol, porque hay una sed de espiritualidad en la fascinación por la tecnología:

> A pesar de que en la sociedad de hoy los tecnólogos, en su sobria búsqueda de la utilidad, el poder y los beneficios, parece que marcan la pauta de la racionalidad, son también guiados por sueños lejanos, por anhelos espirituales de redención sobrenatural. […] Su verdadera inspiración radica en otra parte, en una búsqueda persistente y trasmundana de trascendencia y de salvación.[37]

Press, Nueva York, 1987), p. 341: «This is because technocracy and transcendence are mutually exclusive. The former does not occur except through suppression of the latter.»

[37] David F. NOBLE, *The religion of technology. The divinity of man and the spirit of invention*, Penguin, Nueva York, 1999, p. 3.

Una búsqueda, podemos añadir, desencaminada y vana. Algo semejante intuyó Raimon Panikkar:

> El hombre occidental contemporáneo, privado de un soporte cultural y religioso tradicional, siente que vive cada vez más en un universo alienador y alienado, cuyo centro ya no es un Dios-Señor transcendental o el cosmos o ni siquiera él mismo. Privado de un punto focal espacial, intenta situar este centro en el futuro, que para muchos ha llegado a ser el símbolo moderno de la transcendencia. Todas las utopías futuristas, hoy tan al uso, no son más que los signos de esta búsqueda. (ORP I.1, 61)

> De hecho, el cristianismo no es ya la religión de Europa. Cuenta más el dinero o la tecnocracia, sin la que ciertamente Europa no podría vivir. (ORP II, 529)

También Albert Borgmann observa «una conexión entre el progreso de la tecnología y el declive de la fe» y lamenta que «el progreso de la tecnología parece convertir el cristianismo en algo superfluo e irrelevante».[38] Esto vale para toda tradición espiritual genuina. En un mundo donde se supone que todo es calculable y controlable, y donde todo valor se reduce a la utilidad «práctica» (en términos de lo que es calculable y controlable), ¿para qué sirve la espiritualidad? Como escribía Guardini:

> decae la receptividad religiosa. Con ello, repitámoslo una vez más, no nos referimos a la revelación cristiana [...], sino a la interpelación directa por el sentido religioso de las cosas, el

---

[38] BORGMANN, *Power failure*, p. 7.

maravillarse ante el fluir del misterio del mundo, tal como se presenta a todos los pueblos y en todas las épocas. (ENM 82 [107])

Este «maravillarse ante el fluir del misterio del mundo» (*Erfaßtwerden von der Geheimnisströmung der Welt*) es incompatible con la tecnocracia. El paradigma tecnocrático, que solo entiende lo que es controlable, es necesariamente ajeno a todo «maravillarse», a todo «fluir» y a todo «misterio».

En la experiencia humana a lo largo de los siglos, siempre ha habido aspectos de la realidad que quedaban fuera de nuestro control. Un simple ejemplo es el tiempo meteorológico. Alterar qué hace el cielo queda fuera de nuestro alcance directo, pero la mayoría de las culturas tradicionales han considerado que era posible influir en él, no con herramientas, sino con el corazón y la intención, y por eso han desarrollado, por ejemplo, acciones rituales para propiciar la lluvia.[39] El paradigma tecnocrático, en cambio, ve el tiempo meteorológico como algo calculable y, por tanto, predictible y tal vez algún día controlable.

---

[39] *Cf.* Seyyed Hossein NASR, *The spiritual and religious dimensions of the environmental crisis*, The Temenos Academy, Londres, 1999, p. 13: «Todas las personas religiosas que creen en la eficacia de los ritos y los realizan tienen un modo de mirar el mundo natural y su lugar en él que es muy distinto del modo materialista que nos ha llevado a la crisis ecológica. [...] Quizás el ritual más conocido, entre los que muestran una relación directa con el mundo natural, es la danza de la lluvia de los nativos norteamericanos, de la que se burlan los escépticos. [...] Por supuesto, la ciencia oficial no puede sino reírse de ello, dado que dicha ciencia ignora la *sympatheia* existente entre el ser humano y las realidades cósmicas.»

Cada vez es más habitual oír decir que «el sábado lloverá» o «el domingo hará sol» con absoluta convicción, con la misma convicción con que diríamos «el sábado es día 22» o «el domingo hay elecciones». Ello se basa en una fe ingenua en el poder de cálculo de los ordenadores. También se basa en una falta de conocimiento de la teoría del caos y otros desarrollos científicos que muestran un núcleo de impredictibilidad en el fondo de los fenómenos (cuánticos, como es sabido, pero también macroscópicos). Si tenemos suficientes datos y aparatos, es fácil predecir con un grado aceptable de aproximación el tiempo que hará mañana o en los próximos días. Pero incluso los mejores programas de previsión meteorológica cambian sus predicciones cada pocas horas, a medida que llegan nuevos datos, invalidando la predicción anterior. Cuanto más lejos miramos, más impredecible se vuelve el tiempo, por más datos y sistemas de cálculo que tengamos, porque la complejidad aumenta de forma exponencial y muchos elementos actúan de modo no lineal. Incluso las órbitas de los planetas del sistema solar, que parecían simples y perfectamente predecibles, ahora sabemos que de hecho son caóticas. Podemos calcular con toda precisión la atracción gravitatoria entre dos cuerpos, pero la atracción gravitatoria entre tres cuerpos o más es imposible de calcular con exactitud. Es lo que en mecánica celeste se denomina el «problema de los tres cuerpos»: problema que no puede resolverse no porque no tengamos suficientes datos o matemáticas suficientemente buenas, sino porque aparece un núcleo de impredictibilidad escondido en la naturaleza misma de los fenómenos.

Este núcleo de impredictibilidad debería ser evidente en los fenómenos meteorológicos para quienquiera que se preocupe de observarlos con detalle. Pero la acometida del paradigma tecnocrático fomenta la falsa creencia de que el cielo meteorológico es calculable y controlable. Si ya no vemos misterio en el cielo, ¿dónde lo veremos?

※

La sociedad hipertecnológica y consumista tiende a ocultar un hecho fundamental de la naturaleza humana: nuestra incompletitud, el hecho de que la persona humana no es completa en sí misma, y todavía menos lo es el individuo aislado. Dejando aparte diferencias de matiz, la tradición cristiana habla aquí de contingencia (*contingentia*) y la tradición budista de *duḥkha* ('sufrimiento', 'insatisfacción', sobre todo en sentido existencial). Ambas tradiciones (como toda tradición espiritual genuina) enseñan que la plenitud humana no nos es dada por naturaleza, sino que se ha de alcanzar a través de un camino, largo y a menudo lleno de obstáculos, que lleva a lo que estas tradiciones llaman, respectivamente, salvación o despertar (*bodhi*; *buddha* no significa otra cosa que 'despierto').

La sociedad hipertecnológica y consumista no nos lleva, obviamente, a la salvación o al despertar. No nos lleva porque nunca habrá un lugar de llegada con suficiente tecnología y consumo para que no queramos ya más. No nos lleva a la salvación o al despertar, pese a que uno de los aspectos más seductores de la publicidad es su promesa de plenitud e, implícitamente, de salvación. Promesa falsa, pero siempre latente en el anuncio, en el nuevo objeto de consumo y en el más reciente avance tecnológico.

Lo que tradicionalmente se ha entendido en el cristianismo como contingencia y necesidad de salvación, y en el budismo como *duḥkha* y necesidad de despertar, queda eclipsado por la deslumbrante eclosión de «novedades»: los nuevos aparatos relucientes y las nuevas posibilidades que nos presentan, como si se tratara de una revelación, una revelación de plástico y de chiribitas. Esta revelación no revela, sino que vela: al ocultar la contingencia y la insatisfacción, al hacernos creer que basta con consumir y acumular, encubre un rasgo fundamental de la condición humana. Y aquí está el problema. Aparte de los usos e impactos (en los ecosistemas, en la salud o en las relaciones sociales) que una tecnología o un artículo de consumo puedan tener, su acumulación y omnipresencia crean un velo que nos impide percibir nuestra interioridad, una pantalla que oculta quiénes somos, una red que nos enreda.

꽃

A mediados del siglo xx Romano Guardini, ante los desarrollos tecnológicos que ya entonces empezaban a condicionar la vida humana, se planteaba lo siguiente:

> Ahora bien, aquí surge la pregunta de si una vida constituida de este modo es posible a la larga. ¿Tiene el sentido que ha de tener para que pueda seguir siendo considerada una vida humana? (ENM 83 [108])

A través de los tiempos y las culturas, la condición humana se ha considerado una encrucijada de dos caminos divergentes: expresándolo en términos tradicionales de la cultura occidental, tenemos la opción de elevarnos hacia lo angélico o de degenerar hacia lo brutal. La disyuntiva entre lo angélico y lo brutal hoy se vuelve disyuntiva entre sentirse plenamente humano (lleno de vida y de espíritu) o sentirse máquina (la brutalidad se está mecanizando cada vez más). La naturaleza humana sigue teniendo que escoger entre un modelo de elevación y otro de degeneración: la disyuntiva, cada vez más, es entre la naturaleza angélica (o búdica, despierta) y la naturaleza robótica.

Hay dos caminos, el de la interioridad y el de la reificación. Hay dos modelos, el de los ángeles y el de los robots. Son modelos incompatibles, son caminos divergentes.

Hay que escoger.

IV

LA PLENA PARTICIPACIÓN EN LA REALIDAD

1 EL ORIGEN INTERIOR DE LAS CRISIS EXTERIORES

Como señala *Laudato si'*, cuando tomamos conciencia de que «la crisis ecológica es una eclosión o una manifestación externa de la crisis ética, cultural y espiritual de la modernidad, no podemos pretender sanar nuestra relación con la naturaleza y el ambiente sin sanar todas las relaciones básicas del ser humano» (§ 119).

La encíclica menciona una multitud de propuestas y orientaciones prácticas encaminadas a paliar nuestro impacto sobre el mundo, como, por ejemplo, el principio de precaución (§ 186), la sustitución de los combustibles fósiles por energías renovables (§ 165), la necesidad de que los países más contaminantes asuman sus responsabilidades (§ 170), la subordinación de la propiedad privada a una función social (§ 93), la toma de decisiones a nivel local (§ 144, 179, 180, 183) o la orientación hacia el bien común (§ 23-26, 129, 135, 156-159, 169, 177, 178, 184, 188, 189, 196, 201, 231, 232). No cae, sin embargo, en la común miopía de fijarse solo en los resultados prácticos inmediatos: ninguna de estas medidas es suficiente si no son sostenidas por un cambio de paradigma que transforme nuestra manera de entender el mundo y de entendernos a nosotros mismos. Las medidas prácticas son necesarias y a menudo urgentes, pero no pueden detener el impulso depredador del paradigma tecnocrático. Pueden posponer el colapso, pero no pueden evitarlo. Lo señalaba ya en su día Raimon Panikkar:

> Movimientos como Amnistía Internacional, el Tribunal Permanente de los Pueblos, el Foro Global para la Supervivencia Humana […] y cientos de otros constantemente se encallan en el mismo escollo: ¿quién o qué hará que se detenga el curso mortífero de la tecnocracia? Más concretamente, ¿quién controlará los armamentos, las industrias contaminantes, el consumismo canceroso, etc.? ¿Quién pondrá fin a la tiranía desenfrenada del dinero? […] El problema específico no es si los individuos son «buenos» o «malos», sino […] los proyectos de civilización que apoyamos, la mentalidad tecnocrática que compartimos. (ORP X.1, 545-546)

> Si la ecología equivale tan solo a cierta sensibilidad respecto al planeta, o a una actitud sentimental hacia la tierra, no ofrecerá ninguna resistencia efectiva a la embestida de la tecnocracia actual. No hará más que posponer parte del daño, racionalizar parte de la explotación, estimular tal vez un poco más de reciclaje y prolongar la agonía. (ORP X.1, 538-539)

Necesitamos una profunda transformación «antes que las nuevas formas de poder derivadas del paradigma tecnoeconómico terminen arrasando no solo con la política, sino también con la libertad y la justicia» (§ 53). «Lo que está ocurriendo nos pone ante la urgencia de avanzar en una valiente revolución cultural» (§ 114). Esta transformación, esta revolución cultural, es indisociable de una nueva conciencia:

> Debería ser una mirada distinta, un pensamiento, una política, un programa educativo, un estilo de vida y una espiritualidad que conformen una resistencia ante el avance del paradigma tecnocrático. (§ 111)

Siguiendo la perspectiva del patriarca Bartolomé I, primado de la Iglesia ortodoxa de Constantinopla, *Laudato si'* muestra que la crisis ecológica tiene «raíces éticas y espirituales» (§ 9). Nuestro reto no es solo ecológico y social, sino también, y sobre todo, cultural y existencial, antropológico y ontológico. El filósofo y sacerdote Ivan Illich había ya afirmado algo similar:

> Considero que la contaminación de la Tierra y el agotamiento de sus recursos son el resultado, sobre todo, de una corrupción de la imagen que los humanos tenemos de nosotros mismos, o, dicho de otro modo, de una regresión de nuestra conciencia, que nos hace considerar al ser humano […] como algo que depende idealmente de las instituciones y de sus productos y servicios.[1]

En una línea similar se ha manifestado el filósofo musulmán Seyyed Hossein Nasr:

> La destrucción de la naturaleza es en último término la destrucción de nuestro propio ser interior […]; es la contaminación de nuestro ser interior lo que ha causado la contaminación del entorno natural. Es nuestra oscuridad interior lo que ahora se ha extendido hacia fuera en el mundo de la naturaleza. El caos exterior

---

[1] Conferencia de Ivan Illich en Toronto a finales de 1970.

refleja como un espejo lo que ha acontecido en nuestro interior. [...] No hay otro camino que cambiar toda nuestra visión del mundo.²

Tal vez hemos de concluir, como hacía Guardini, que el mundo moderno «se ha adormecido interiormente» y así «se ha destruido a sí mismo» (ENM 78 [103]). Dos décadas después de Guardini, y tras argumentar que los «males espirituales» que genera la sociedad industrial la han de llevar a hundirse,³ E. F. Schumacher afirmaba:

> Ya no es posible creer que ninguna reforma política o económica, o ningún avance científico o progreso tecnológico, puedan resolver los problemas de vida o muerte de la sociedad industrial. Yacen a demasiada profundidad, en el corazón y en el alma de cada uno de nosotros. Es ahí donde hay que hacer la gran tarea transformadora —de manera secreta y discreta.⁴

Esta transformación interior, del corazón y de la conciencia, también la pedía Raimon Panikkar:

> Paliativos y medidas a medias no sirven. Solo una *metanoia* radical, un cambio total de la mente, el corazón y el espíritu, puede salir al encuentro de nuestras necesidades. (ORP I.1, 61)⁵

---

² Seyyed Hossein NASR, *The spiritual and religious dimensions of the environmental crisis*, The Temenos Academy, Londres, 1999, p. 20 y 28.

³ Ernst F. SCHUMACHER, *Good work*, Harper & Row, Nueva York, 1979, p. 36: «¿Por qué la sociedad industrial ha de fracasar? ¿De qué modo los males espirituales que produce llevan a la crisis mundial? [...] Está degradando las cualidades morales e intelectuales del ser humano, a la vez que promueve un estilo de vida extremadamente complicado que para seguir yendo bien exige unas cualidades morales e intelectuales cada vez mayores.»

⁴ *Ibid.*, p. 37.

⁵ Corrijo un erróneo «cuerpo» por «corazón», tal como reza el original

Lo que está emergiendo en realidad es una mutación completa de la vida humana; el final de la hegemonía de la consciencia histórica. Si no pasamos por esta transformación, esta *metanoia*, la humanidad cometerá pronto un *terricidio*. (ORP II, 499-500)

La devastación del mundo es el correlato externo de la devastación de nuestra interioridad, escindida de la naturaleza y de todo sentido de trascendencia, eclipsada por un paradigma reificador que solo da crédito a lo que es tangible y cuantificable, y que reduce la dignidad del mundo y de la persona a epifenómenos de procesos fisicoquímicos. Vivimos en un mundo que se engaña ignorando lo intangible y que se engaña ignorando el impacto de sus acciones. Es un mundo en que hay tendencias orientadas a corromper la dignidad humana y la dignidad del mundo, y en el que lo que genera la contaminación genera la ocultación de la contaminación.

Hay que dejar atrás el paradigma tecnocrático y la interpretación tecnológica del ser y avanzar hacia una experiencia más plena de la realidad.

2 EL CONSUMISMO COMO EXPRESIÓN DE UN VACÍO EXISTENCIAL

El consumismo tiene profundas raíces psicológicas y existenciales. *Laudato si'* constata que hoy necesitamos «sucedáneos para soportar el vacío» existencial (§ 113). Y añade: «Cuando las personas se vuelven autorreferenciales y se aíslan en su

---

catalán (*cor*) y la versión italiana (*cuore*).

propia conciencia, acrecientan su voracidad. Mientras más vacío está el corazón de la persona, más necesita objetos para comprar, poseer y consumir» (§ 204). El paradigma tecnocrático se manifiesta, también, en «un mecanismo consumista compulsivo» que hace que las personas acaben «sumergidas en la vorágine de las compras y los gastos innecesarios» (§ 203):

> El consumismo obsesivo es el reflejo subjetivo del paradigma tecnoeconómico. Ocurre lo que ya señalaba Romano Guardini: el ser humano «acepta los objetos y las formas de vida tal como le son impuestos por la planificación y por los productos fabricados en serie y, después de todo, actúa así con el sentimiento de que eso es lo racional y lo acertado» [...]. En esta confusión, la humanidad posmoderna no encontró una nueva comprensión de sí misma que pueda orientarla, y esta falta de identidad se vive con angustia. (§ 203)[6]

El sociólogo George Ritzer ha analizado el consumismo contemporáneo como un intento de reencantar un mundo desencantado.[7] Efectivamente, el núcleo existencial del consumismo es el afán de dar sentido a un mundo que parece no tenerlo, de reencantar un mundo desencantado, de llenar con objetos y distracciones el vacío que medra bajo la deslumbrante superficie del mundo contemporáneo. El consumismo, sin embargo, no reencanta el mundo: lo banaliza y lo degrada.

El economista y experto en sostenibilidad Tim Jackson describe el consumismo como un desencaminado intento de

---

[6] La cita de Guardini corresponde a ENM 53 (76-77).

[7] George RITZER, *Enchanting a disenchanted world*, Pine Forge, Thousand Oaks, 2010.

resolver cuestiones existenciales con medios materiales: «En una sociedad secular, el consumo puede llegar a convertirse en un sustituto del consuelo religioso [...]. Es casi como si la gente intentara arrinconar sus problemas de angustia existencial yendo a comprar».[8] Hay una angustia existencial en el fondo de la sociedad contemporánea, y se nos invita a paliarla a través del consumismo, de la búsqueda de distracciones que tapen momentáneamente el vacío existencial y de posesiones que nos permitan aparentar. El consumismo es solo un remiendo para intentar tapar el vacío interior, un remiendo que pronto se rompe y ha de ser sustituido por otro, más potente o más reluciente. Por supuesto, el vacío nunca acaba de llenarse, la rueda samsárica sigue girando, y mientras tanto nuestro impacto sobre el mundo se hace más y más insostenible.

Como sugería el filósofo David Michael Levin,

> la compulsión a producir y consumir, conducta característica de nuestra vida en una economía tecnológica avanzada, podría ser a la vez una expresión de furia nihilista y una defensa maníaca contra nuestra depresión colectiva en un tiempo de insoportable privación espiritual y de un creciente sentido de desesperación.[9]

El consumismo refleja una imagen errónea de quienes somos. Si únicamente fuésemos seres materiales, tal vez podríamos saciarnos con posesiones materiales. Pero nuestra

---

[8] Tim JACKSON, «The challenge of sustainable lifestyles», en WORLDWATCH INSTITUTE, *2008 The state of the world*, Norton, Nueva York, 2008, p. 49.
[9] Daniel Michael LEVIN, *Pathologies of the modern self*, New York University Press, Nueva York, 1987, p. 499.

interioridad no se puede reducir a nada material. Por eso, la acumulación de objetos no puede satisfacernos de manera plena y duradera. Podemos sentir la verdadera plenitud sumergiéndonos en la belleza (de una persona, de un paisaje, de una música, de un poema), descubriendo el significado de lo que parecía no tenerlo o sintiendo cómo participamos en algo más grande que nosotros. Todo ello son experiencias inmateriales, intangibles. Nuestra interioridad es intangible: ¿cómo podría llenarse con lo que ofrece la sociedad de consumo?

El psiquiatra Viktor Frankl señalaba que «el vacío existencial es un fenómeno generalizado en el siglo XX».[10] También Guardini detectaba «un sentimiento de profunda soledad del ser humano en medio de todo lo que llamamos "mundo"» (ENM 51 [74-75]). Porque nuestro mundo materialista y puramente mundano «no funciona», escribe Guardini. «Es un artefacto sin pleno sentido. No convence a la razón vital, que yace bajo la razón racionalista. El corazón ya no siente que un mundo así "vale la pena"» (ENM 84 [109]). Guardini observa, por otra parte, que el ser humano moderno no siente el mundo como hogar y no acaba de encontrar sentido a la existencia:

> La angustia moderna surge en no pequeña medida de la conciencia de no tener ya ni un lugar simbólico ni un hogar claramente convincente; de la experiencia reiteradamente renovada de que el mundo no proporciona al ser humano un lugar en la existencia que satisfaga la necesidad de sentido. (ENM 35 [58])

---

[10] Viktor FRANKL, *Man's search for meaning*, Washington Square, Nueva York, 1985, p. 128.

3 EL SIGLO XIII Y LA PÉRDIDA DE PARTICIPACIÓN

San Francisco muere en Asís en 1226. Poco después, en la segunda mitad del siglo XIII, empieza a producirse una profunda transformación en la mente occidental, cuyos efectos todavía hoy perduran.

Lewis Mumford, el historiador de la tecnología, señalaba que la máquina clave del mundo moderno es el reloj mecánico, que sabemos que aparece en Europa hacia 1270-1280.[11] En pocas décadas, el reloj se vuelve tan conocido que Dante, hacia 1320, en el Canto X del *Paradiso* alude a los engranajes de su mecanismo, dando por sentado que los lectores entenderán de qué habla:

> Luego, igual que un reloj que nos llama
> cuando la esposa de Dios se levanta
> y canta al esposo, que así la ama,
>
> con piezas que propulsan y desplazan,
> tintineando con tan dulce nota
> que de amor colman la muy gentil alma,
>
> así observé yo la rueda gloriosa [...].[12]

---

[11] «No podemos precisar el año, pero la década fue probablemente la de 1270», argumenta Alfred W. Crosby, *The measure of reality. Quantification and western society, 1250-1600*, Cambridge University Press, Cambridge, 1998, p. 78-79. Sobre Mumford, véase *infra*, p. 128-129.

[12] Traducción propia de *Paradiso*, canto X, v. 139-145:
> Indi, come orologio che ne chiami
> ne l'ora che la sposa di Dio surge
> a mattinar lo sposo perché l'ami,

Un siglo antes, san Francisco y santa Clara no hubiesen entendido estas referencias a los desplazamientos y tintineos del mecanismo de relojería (que aquí se compara con una celestial «rueda gloriosa»). El Canto XXIV alude una vez más al nuevo invento:

> Como las ruedas que templadas giran
> en el reloj, pareciendo a quien mira
> que una está quieta y la otra va deprisa.[13]

El uniforme rodar del reloj mecánico, que arranca en el siglo XIII, tendrá un enorme efecto sobre la experiencia humana. Mumford lo expresó así:

> El reloj, y no la máquina de vapor, es la máquina-clave de la moderna edad industrial. En cada fase de su desarrollo el reloj es a la vez el hecho sobresaliente y el símbolo típico de la máquina: incluso hoy [1934] ninguna máquina es tan omnipresente. [...] Hubo máquinas, movidas por la energía no humana, como el molino hidráulico, antes del reloj; y hubo también diversos tipos de autómatas [...]: encontrámoslas ilustradas en Herón y en Al-Jazarī. Pero ahora teníamos un nuevo tipo de máquina. [...] En su relación con cantidades determinables de energía, con la

---

> che l'una parte e l'altra tira e urge,
> tin tin sonando con sì dolce nota,
> che 'l ben disposto spirto de amor turge;
>
> cosí vid'io la gloriosa rota [...].

[13] Traducción propia de *Paradiso*, canto XXIV, v. 13-15:
> E come cerchi in tempra d'oriuoli
> si giran sì, che 'l primo a chi pon mente
> quieto pare, e l'ultimo che voli.

estandarización, con la acción automática y finalmente con su propio producto especial, el tiempo exacto, el reloj ha sido la máquina principal en la técnica moderna, y en cada período ha seguido a la cabeza: marca una perfección a la cual aspiran otras máquinas. [...]

El reloj [...] por su naturaleza esencial disocia el tiempo de los acontecimientos humanos y ayuda a crear la creencia en un mundo independiente de secuencias matemáticamente mensurables: el mundo especial de la ciencia.[14]

Si el reloj ha guiado el despliegue tecnológico, no resulta casual que un rasgo esencial del mundo contemporáneo sea la aceleración.

El historiador Alfred Crosby, en su análisis del proceso de cuantificación en la cultura occidental, sitúa su arranque en el período 1250-1300, cuando, además del reloj mecánico que uniformiza el tiempo, empieza a difundirse la perspectiva lineal que uniformiza el espacio, así como desarrollos paralelos en ámbitos como la notación musical, las matemáticas y la contabilidad.[15] Como mostró Ivan Illich, en torno a esta época se da también una transformación paralela en nuestra relación con la palabra escrita.[16]

---

[14] Lewis MUMFORD, *Technics and civilization*, University of Chicago Press, Chicago, 2010 [1934], p. 14-15 (*Técnica y civilización*, Alianza, Madrid, 1982, p. 31-32).
[15] CROSBY, *The measure...*, p. 75-222.
[16] *Cf.* Ivan ILLICH, *In the vineyard of the text*, The University of Chicago Press, Chicago, 1993, e Ivan ILLICH / Barry SANDERS, ABC. *The alphabetization of the popular mind*, North Point, San Francisco, 1988, especialmente el capítulo tercero, «Text».

Ahora bien, más profundas y duraderas que las transformaciones tecnológicas son las transformaciones en el corazón y en la mente de una cultura.

Sabemos, por ejemplo, que la revolución científica y cultural de los siglos XVI y XVII cambió radicalmente nuestra experiencia del mundo y de la existencia. Alexandre Koyré, el gran historiador de la ciencia, lo resumió en dos enormes transformaciones correlativas, «la destrucción del cosmos y la geometrización del espacio»,[17] que a la larga, señala Koyré, nos han llevado a un mundo sin sentido: «Lo que al final encontramos es nihilismo y desesperación.»[18] El mismo Koyré, en el último párrafo de su obra principal, lamentaba cómo el universo de la física moderna, con su espacio y tiempo absolutos y plenamente geometrizables, encarnaba los atributos más abstractos del Dios absoluto y eterno, mientras que los atributos que nos resultarían más próximos, como la bondad y la belleza, se habían esfumado («el Dios exiliado se los llevó con él»).[19]

¿Es posible ir más atrás y ver en el siglo XIII el primer atisbo del «nihilismo y desesperación» a los que se refería Koyré, de la «angustia moderna» a la que se refería Guardini y de la actitud existencial de la que surge el paradigma tecnocrático?

A día de hoy, los estudios más exhaustivos y rigurosos que tenemos sobre el origen de la mentalidad moderna son los de Hans Blumenberg.[20] Aunque la perspectiva de Blumenberg

---

[17] Alexandre KOYRÉ, *From the closed world to the infinite universe*, The Johns Hopkins University Press, Baltimore, 1968, p. VIII.
[18] *Ibid.*, p. 43.
[19] *Ibid.*, p. 276.
[20] Sobre todo *Die Legitimität der Neuzeit* (1988), traducido como *La legitimación de la edad moderna* (el original dice «legitimidad» [*Legitimität*]

puede matizarse y complementarse de diversas maneras,[21] es iluminadora por su precisión conceptual y por su percepción de cómo la voluntad humana de autoafirmación y de dominio sobre la naturaleza se origina en procesos internos del pensamiento filosófico y teológico del final de la Edad Media. Si Koyré hablaba de *destruction of the cosmos* ('destrucción del cosmos') a partir de la revolución astronómica, Blumenberg observa un proceso anterior, ya desde el siglo XIII, que denomina *Ordnungsschwund*, es decir, desvanecimiento o pérdida del orden, del orden cósmico en que hasta entonces había participado la existencia humana.[22] Blumenberg considera que esta pérdida del orden cósmico es el rasgo esencial de «la crisis que determina el carácter interior (*geistige*) de la era moderna»,[23] y ve el crecimiento de la autoafirmación humana ante el mundo como una reacción, dolida y prácticamente desesperada, contra esa pérdida, en la que

---

y no «legitimación» [*Legitimation*, *Legitimierung*]; también la versión inglesa lo traduce como «legitimacy» y no «legitimation») y *Die Genesis der kopernikanischen Welt* [1996, 'La génesis del mundo copernicano'], un total de mil quinientas páginas que se adentran en una extraordinaria variedad de fuentes y detalles.

[21] *Cf.* Elisabeth BRIENT, *The immanence of the infinite. Hans Blumenberg and the threshold to Modernity*, The Catholic University of America Press, Washington, 2002, y Rémi BRAGUE, «La galàxia Blumenberg», *Comprendre*, vol. 2, núm. 1, Barcelona (2000), p. 92-97.

[22] *Cf.* el capítulo «Ordnungsschwund und Selbstbehauptung. Über Weltverstehen und Weltverhalten im Werden der technischen Epoche» ('Pérdida del orden y autoafirmación. Sobre la comprensión del mundo y el comportamiento ante el mundo en el desarrollo de la época técnica'), en Hans BLUMENBERG, *Geistesgeschichte der Technik*, Suhrkamp, Fráncfort, 2009, p. 99-136. El texto se remonta a 1960.

[23] *Ibid.*, p. 106.

«se separan, como dos ámbitos funcionales cerrados en sí mismos, el mundo natural de Dios y el mundo de las obras humanas».[24]

Este proceso de desvanecimiento del orden hace «dudar de la existencia de una estructura de la realidad compatible con el ser humano».[25] Prefiero llamar a este proceso, más ampliamente, *pérdida de participación*. Esta pérdida de participación es doble. Por un lado, como veremos con más detalle, hay una pérdida de participación del ser humano en aquello que da sentido último a la existencia. Por otro lado, a la larga hay también una pérdida de participación del ser humano en el mundo: se desvanecen los vínculos que antes conectaban todo lo que acontece, las cosas dejan de ser *signa rei sacræ* (signos de cosas sagradas) y acaban reificadas. Las cosas son despojadas de la red de relaciones en que se inscribían, para convertirse, cada vez más, en simples objetos a punto para ser poseídos y manipulados. El ser humano, a partir de ahora, «ya no percibe en las cosas los vínculos del cosmos antiguo y medieval, y por tanto considera que están, en principio, a su disposición».[26]

∼

La pérdida de participación se había ya iniciado con la sustitución, dentro de la teología medieval, de una perspectiva básicamente platónica por un enfoque aristotélico, mucho más analítico y abstracto. El cosmos platónico, lleno de vínculos

---

[24] *Ibid.*, p. 126.
[25] BLUMENBERG, *Die Legitimität...*, p. 150 (*La legitimación...*, p. 135).
[26] *Ibidem*.

de participación, late en el fondo de la filosofía patrística y perdura hasta que en la primera mitad del siglo XIII empieza a ser desplazado por el enfoque aristotélico. Como escribe Sherrard:

> El siglo XIII marca una nueva era en el mundo cristiano. En su transcurso, los elementos platónicos que habían servido a los teólogos anteriores como vehículo para expresar una comprensión del ser humano que se confirmaba a través de una vida de oración y contemplación, fueron sustituidos por categorías aristotélicas (o codificados de acuerdo con ellas) de naturaleza puramente abstracta y teórica. El pensamiento europeo entró en lo que podría llamarse la era de la abstracción, de la cual todavía no ha salido.[27]

Contra la creciente influencia del aristotelismo, se produce una reacción que tiene su momento clave el 7 de marzo de 1277, cuando en París el obispo Étienne Tempier promulga la condena de 219 tesis filosóficas que supuestamente ponían límites a la omnipotencia divina. Pero esta reacción resultará en una pérdida todavía mayor de la participación humana en el cosmos: a partir de 1277, Dios se vuelve tan absolutamente omnipotente y tan humanamente incomprensible que dejará de tener vínculo alguno con nuestra conciencia. Blumenberg escribe sobre la condena de 1277:

> Tres años después de la muerte del clásico de la alta escolástica, Tomás de Aquino, era condenado, como una limitación filosófica de la omnipotencia divina, su reconocimiento de la

---

[27] Philip SHERRARD, *The rape of man and nature*, Golgonooza, Ipswich, 1987, p. 49.

demostración aristotélica de la unicidad del mundo. Este documento designa exactamente el momento en que la racionalidad de la creación y su inteligibilidad para el ser humano pierden preeminencia y son bruscamente desplazadas por la fascinación especulativa que producen los predicados teológicos del poder absoluto y de la libertad absoluta.[28]

A esta absolutización de la omnipotencia divina, desligada de vínculos con el ser humano, Blumemberg la llama *absolutismo teológico* (*theologischer Absolutismus*), en el sentido de una teología que absolutiza el principio de la omnipotencia divina.[29] Este proceso continúa con el nominalismo y el voluntarismo teológico que se imponen sobre todo a partir de Guillermo de Ockham, en la primera mitad del siglo xiv. El voluntarismo teológico lleva la omnipotencia de Dios a un extremo en que deja de tener sentido para la conciencia humana. Implica, por ejemplo, que si los mandamientos dicen que no matarás y no mentirás, no es porque sea lo justo y adecuado (como hubiera defendido el aristotélico santo Tomás), sino porque a Dios así le place; Dios podría habernos mandado igualmente matar y mentir (de manera que mentir sería virtuoso y decir la verdad sería pecaminoso) o, incluso, podría mandarnos odiar a Dios sobre todas las cosas. O bien, Dios podría decidir de repente castigar a los justos y premiar a los pecadores. Dios se encarnó en hombre, pero

---

[28] BLUMENBERG, *Die Legitimität...*, p. 178-179 (*La legitimación...*, p. 159). Sobre la condena de 1277, *cf.* Karsten HARRIES, *Infinity and perspective*, Massachusetts Institute of Technology, Cambridge, 2001, p. 129-147.
[29] *Cf.* la segunda parte de BLUMENBERG, *Die Legitimität...*, p. 135-259: «Theologischer Absolutismus und humane Selbstbehauptung» (*La legitimación...*, p. 121-226: «Absolutismo teológico y autoafirmación humana»).

podría igualmente haberse encarnado en un asno.[30] Esta omnipotencia divina llevada al extremo hace que los hombres y mujeres del final de la Edad Media se sientan desamparados, en un mundo absolutamente arbitrario, donde no hay nada, absolutamente nada, que la persona pueda hacer para contribuir a su salvación o a la sintonía con lo divino. Todo depende de lo que a Dios le plazca, de manera tan inescrutable como arbitraria.

Dicha arbitrariedad se manifiesta en la negación de toda noción de vínculo entre las cosas. Un concepto clave de la filosofía budista es la *originación interdependiente* (*pratītyasamutpāda*) de todo lo que existe, interdependencia que la teología cristiana ha expresado como *perichoresis* y *circumincessio*, y que Raimon Panikkar exploró con conceptos como *relatividad radical* y, en sus últimos años, *interindependencia*. Ockham propugna, en cambio, que no hay relación ninguna entre las cosas mismas: solo estan en relación con Dios, que puede crearlas o destruirlas en todo momento.[31] La famosa «navaja de Ockham», al optar por la explicación más simple, lleva a ignorar lo complejo y lo relacional:

---

[30] Según Ockham, citado en *ibid.*, p. 200 (p. 176) y *Geistesgeschichte...*, p. 121, Dios eligió encarnarse en nuestra naturaleza y no en otra simplemente porque quiso («potius assumpsit naturam nostram quam aliam, quia voluit»). Como comenta Blumenberg, de la «fórmula estandarizada del voluntarismo» (*voluntaristische Standardformel*) se sigue que «Él hubiera podido igualmente adoptar cualquier otra naturaleza y que si eligió esta, lo hizo únicamente porque así le plugo en su pura voluntad».

[31] Guillermo DE OCKHAM, *Quodlibeta* 6, *q.* 6: «Omnis res absoluta, distincta loco et subiecto ab alia re absoluta, potest per divinam potentiam existere alia re absoluta destructa» ('Toda cosa individual, distinta en lugar y sujeto de otra cosa individual, puede, por el poder divino, existir cuando la otra cosa individual es destruida').

El principio de economía, la navaja de Ockham, no ayuda en nada a la reconstrucción de un orden *dado* en la naturaleza, sino a su reducción violenta a un orden *supuesto* por el hombre.[32]

El reduccionismo violenta la realidad, imponiendo en ella el supuesto orden que conviene a la autoafirmación humana. Lo que Blumenberg describe como absolutismo teológico en el siglo XIII, continuado a través del nominalismo y del voluntarismo teológico (y de la Reforma, siglos después), ejerció un gran efecto en la conciencia europea. El mundo dejaba de ser hogar y de tener sentido:

> El absolutismo teológico tardomedieval puede ser caracterizado […] como la enajenación de todas las seguridades que se daban anteriormente en la posición preeminente del hombre, fundada en la creación, dentro del *orden* de la realidad.[33]
>
> La destrucción de la confianza en una estructura de orden cósmico, orientada al ser humano […], tuvo que significar un cambio eminentemente pragmático en su comprensión del mundo y en su relación con el mundo.[34]
>
> La Edad Media tocaba a su fin cuando, dentro de su sistema intelectual, la creación como *providencia* dejó de resultar creíble para el ser humano y se le impuso la carga de tener que autoafirmarse.[35]

De repente, el mundo aparece como un mal lugar del que hemos de escapar. Y como el vínculo salvador con la divinidad

---

[32] BLUMENBERG, *Die Legitimität...*, p. 170 (*La legitimación...*, p. 152).
[33] *Ibid.*, p. 202 (p. 177).
[34] *Ibid.*, p. 151-152 (p. 136).
[35] *Ibid.*, p. 151 (*ibidem*).

se ha vuelto inescrutable y arbitrario, el ser humano, sintiéndose abandonado, reacciona autoafirmándose: se opone y se impone al mundo, se esfuerza en dominarlo. La autoafirmación humana como «programa existencial» nace de esta experiencia de orfandad ontológica. La única posibilidad existencial que se le presenta al ser humano en el nacimiento de la Modernidad es «la autoafirmación inmanente de la razón mediante el dominio y la transformación [*Beherrschung und Veränderung*] de la realidad».[36] De aquí surge también el afán de desarrollo tecnológico. A partir de entonces, el ser humano «no solo comprende a la naturaleza, sino también a sí mismo, como un *factum* del que se puede disponer».[37]

Cabe señalar que la crítica al nominalismo es una constante en la obra de Panikkar:

> El *lenguaje místico* ha sido, por lo general, malentendido por la mentalidad moderna occidental debido al nominalismo imperante con el que se ha interpretado. Nominalismo e individualismo tienen una conexión profunda, olvidada demasiado a menudo. (ORP I.1, 219)

> El nominalismo, por una parte, nos ha permitido la abstracción y el empleo de los conceptos hasta llegar a la ciencia moderna, pero, por otra, nos ha alienado de las cosas y de nuestra relación personal con ellas. (ORP VIII, 388)

> Uno de los efectos perjudiciales del nominalismo es la pérdida de este vínculo entre lo Divino y la Palabra, incluidas nuestras palabras humanas. (ORP X.1, 519)

---

[36] *Ibid.*, p. 150 (p. 135).
[37] *Ibid.*, p. 152 (p. 137).

୨୧

Propongo un pequeño experimento poético como invitación a sentir la pérdida de participación en el cosmos que se ha producido desde entonces. Se trata de un poema a dos voces que combina los versos centrales del «Cántico» de san Francisco (escrito en umbro de principios del siglo XIII y que late a través de la encíclica *Laudato si'*, ya desde su título) con versos de un célebre canto de Giacomo Leopardi (en italiano de principios del siglo XIX). San Francisco todavía ve el cosmos como teofanía, como majestuosa expresión divina que una y otra vez invita a la alabanza y a la celebración. Seis siglos después, el cultísimo Leopardi, escribiendo a solo un centenar de kilómetros al este del Asís de san Francisco, es dolorosamente consciente de que el cosmos moderno ha quedado reducido a un yermo sin vida y sin sentido.[38]

Transcribo en cursiva (y alineación izquierda) los versos de san Francisco y en redonda (y alineación derecha) los de Leopardi. San Francisco celebra la belleza y la hermandad de las criaturas en un mundo lleno de vínculos y de prodigios. Leopardi lamenta la «soledad inmensa» que siente en un universo tan carente de límites como de propósito. Se trata de dos experiencias radicalmente contrapuestas:

---

[38] Leopardi era muy consciente de cómo se había transformado la imagen occidental del cosmos. Prueba de ello es que había escrito (¡a los quince años!) una enorme y erudita *Storia della astronomia dalla sua origine fino all'anno MDCCCXI* (en Giacomo LEOPARDI, *Le poesie e le prose*, vol. II, Mondadori, Milán, 1953, p. 723-1043).

IV LA PLENA PARTICIPACIÓN EN LA REALIDAD 139

Laudato si', mi' Signore, per sora luna e le stelle:
       E quando miro in cielo arder le stelle;
in celu l'ài formate clarite et pretiose et belle.
        Dico fra me pensando: | A che tante facelle?
Laudato si', mi' Signore, per frate vento
        Che fa l'aria infinita, e quel profondo
et per aere et nubilo et sereno et onne tempo,
       Infinito seren? che vuol dir questa
per lo quale a le tue creature dài sustentamento.
       Solitudine immensa? ed io che sono?
Laudato si', mi' Signore, per sor'acqua,
        Così meco ragiono: e della stanza
la quale é multo utile et humile et pretiosa et casta.
         Smisurata e superba,
Laudato si', mi' Signore, per frate focu,
        E dell'innumerabile famiglia;
per lo quale ennallumini la nocte,
        Poi di tanto adoprar, di tanti moti
et ello é bello et iocundo et robustoso et forte.
       D'ogni celeste, ogni terrena cosa,
Laudato si', mi' Signore, per sora nuestra matre terra,
        Girando senza posa,
la quale ne sustenta et governa,
       Per tornar sempre là donde son mosse;
et produce diversi fructi com coloriti flori et herba.
      Uso alcuno, alcun frutto | Indovinar non so.[39]

---

[39] Leopardi escribe este poema, «Canto notturno di un pastore errante dell'Asia» (v. 84-98), en Recanati, entre el 22 de octubre de 1829 y el 9 de abril de 1830. En traducción nuestra:
  Y al ver los astros que arden en el cielo
  me digo, pensativo:

4 REDESCUBRIR LA DIGNIDAD DEL MUNDO

Ralph Waldo Emerson, el gran autor y pensador trascendentalista, anotaba en su diario el 20 de mayo de 1831:

> Todas las cosas reciben su carácter del estado del espectador. No te quejes de que el mundo carece de interés o de bondad. [...] Para la mente apagada, toda la naturaleza es aburrida. Para la mente iluminada, el mundo entero fulgura y resplandece con su luz.[40]

El mundo que hoy consideramos real, compuesto de partículas sometidas a leyes mecánicas de causa y efecto, en el que todo se reduce a lo que es cuantificable o digitalizable, donde las cualidades y la interioridad tienden a ignorarse y donde la

---

> ¿para qué este espectáculo?
> ¿Qué hace el aire sin fin y ese profundo
> cielo infinito? ¿Qué significa esta
> soledad inmensa? ¿Y yo, qué soy?
> Así me voy diciendo, y a la sala
> suprema y sin mesura,
> y a nuestra innumerable familia,
> tras tanto esfuerzo y tanto movimiento
> de todo lo celeste y terrenal,
> girando sin reposo
> para acabar regresando a su origen,
> uso o fruto ninguno
> encontrarles no puedo.

La «sala suprema y sin mesura» se refiere al universo; la «innumerable familia», a la humanidad.

[40] Ralph Waldo EMERSON, *The journals and miscellaneous notebooks of Ralph Waldo Emerson*, vol. III (1826-1832), Harvard University Press, Cambridge, 1963, p. 255.

vida humana se orienta a producir y consumir para distraerse y aparentar, este mundo materialista y sin sentido resultaría anómalo y aborrecible para la mayoría de los hombres y mujeres que a lo largo de los tiempos han caminado sobre la tierra, bajo el cielo.

Nosotros, en cambio, creemos ser los primeros que empiezan a ver el mundo tal como es en realidad. En palabras de Guardini:

> El hombre moderno está convencido de que por fin se halla ante la realidad. [...] Una expresión de esta convicción es la fe moderna en el progreso, que indudablemente ha de producirse dada la lógica de la naturaleza humana y de la acción humana. (ENM 65 [89])

Ahora bien, comparado con todas las demás culturas humanas, ¿no es el mundo moderno demasiado único y peculiar para creer que encarna «la lógica de la naturaleza humana»? Hace tanto tiempo que nos hemos acostumbrado a este mundo reificado que necesitamos ampliar nuestro horizonte cultural para darnos cuenta de que lo que hoy tomamos por «la realidad» emerge de una forma de mirar muy particular. Es una forma de mirar que se imagina que no mira desde ninguna parte. Como ya advertía Hannah Arendt, «hemos encontrado un modo de actuar en la Tierra y en la naturaleza terrestre como si dispusiéramos de ella desde el exterior».[41] En palabras de dos filósofos contemporáneos, Dreyfus y Taylor:

---

[41] Hannah ARENDT, *The human condition*, University of Chicago Press, Chicago, 1958, p. 262.

En el siglo XVII nuestra cultura se preguntó por la estructura del universo tal como es en sí mismo, independientemente de toda interpretación humana, y acabó desarrollando una ciencia que pretende estar llegando a una visión desde ninguna parte.[42]

Cuando ampliamos nuestro horizonte y empezamos a disolver los prejuicios que se han solidificado en nuestra mirada, podemos entender, como Raimon Panikkar, que incluso la ciencia moderna depende de presupuestos que no son *ni universales ni demostrables*:

> La ciencia física tiene una concepción del espacio, del tiempo, de la materia, propia de una *forma mentis* muy concreta, muy particular, muy definida, que no existía ni siquiera en Occidente hace cuatro o cinco siglos; [...] se trata de un fenómeno cultural, propio de una determinada manera de ver y de vivir la realidad, que no puede pretender ser universal. (ORP VI.2, 222)

Tres de los presupuestos implícitos, básicamente inconscientes y hoy cada vez más cuestionables, de la interpretación tecnológica del ser y del paradigma tecnocrático, son los siguientes:

- la base de la realidad es la materia (o la materia-energía), compuesta de unidades aisladas, inertes y cuantificables (partículas, ondas, moléculas) que al combinarse generan todo lo que hay, incluido algo inmaterial e intangible como la conciencia;
- la realidad es externa a nuestra conciencia y existe por sí misma de forma objetiva e independiente;

---

[42] Hubert Dreyfus / Charles Taylor, *Retrieving realism*, Harvard University Press, Cambridge, 2015, p. 148.

- la mente humana es estrictamente individual, está aislada y ubicada dentro del cerebro y solo puede comunicarse con otras mentes de manera indirecta.

Estos tres presupuestos (materialismo, mundo objetivo que existe por sí mismo, aislamiento de las mentes) nos convierten en meros espectadores de un mundo de objetos inertes y sin sentido. Un mundo donde, por ejemplo, se supone que las oraciones y los rituales no pueden tener ningún tipo de efecto en el mundo real. Un mundo donde solo tiene eficacia lo que es tangible. Sin embargo, en nuestra interioridad, en nuestra experiencia inmediata, y todavía más en toda experiencia de plenitud, prevalece lo intangible.

Cuando la interioridad, la experiencia inmediata y la plenitud existencial quedan deslegitimadas por abstracciones mecanicistas, la vida se empobrece (queda reducida a lo mecánico), el conocimiento se fosiliza (lo cualitativo queda reducido a lo cuantitativo) y entramos en vericuetos que tarde o temprano conducen al nihilismo. Nietzsche se dio cuenta de ello y supo resumirlo lapidariamente: «la *creencia en las categorías de la razón* es la causa del nihilismo».[43]

※

El presupuesto de que la base de la realidad es la materia inerte resulta cada vez más difícil de creer. Lo hemos heredado

---

[43] «Resultat: der *Glaube an die Vernunft-Kategorien* ist die Ursache des Nihilismus.» Friedrich NIETZSCHE, *Nachgelassene Fragmente 1887-1889*, en *Sämtliche Werke. Kritische Studienausgabe*, vol. 13, Gruyter, Berlín / Nueva York, 1988, p. 49 (fragmento 11 [99] de las anotaciones que Nietzsche tomó en Niza en el invierno de 1887-1888).

del pasado y se mantiene simplemente por inercia dogmática contra toda la evidencia lógica y científica. Es, de hecho, una superstición.[44]

Guardini menciona el hecho obvio de que lo que es mental o espiritual (ambas cosas se dicen con el alemán *Geist*) «no puede originarse de nada que sea material» (ENM 68 [92]). ¿Cómo podría?

Las ideas son inmateriales. ¿Cómo podrían tener un origen material? La existencia de las ideas (como las que ahora, lector, consideras) es sencillamente inexplicable desde la ciencia materialista (la cual, al fin y al cabo, está ella misma construida a partir de ideas).

Más sencillo todavía. Fijémonos en las palabras, como las que ahora compartimos. Su aspecto material (su tamaño, por ejemplo) es un simple medio que resulta irrelevante una vez las leemos y entendemos su sentido. El sentido de un vocablo, de una frase, de un texto, es inconmensurable con su aspecto material. Si el aspecto material es inadecuado puede entorpecer la lectura, pero por más logrado que sea nada sustancial añade al sentido. Un texto muy significativo puede estar escrito en caracteres insignificantes, y viceversa. La idea de «grande» no es mayor que la idea de «pequeño», la idea de «calor» no es más cálida que la idea de «frío» (en lo que respecta a

---

[44] Como también afirma el filósofo norteamericano David Ray GRIFFIN, *Unsnarling the World-Knot*, University of California Press, Berkeley, 1998, p. 238: «De hecho, toda o casi toda la evidencia relevante [...] va en contra de la idea de que en principio la física puede aportar una descripción completa del mundo físico, especialmente dado que en este mundo hay humanos y otros animales. Esta idea es casi completamente producto de la fe y está inspirada mucho menos por la evidencia que por la metafísica del fisicalismo materialista. Puede, en efecto, ser considerada como la forma de superstición característica de la cosmovisión reduccionista engendrada por el materialismo.»

su sentido, otra cosa son las asociaciones que podemos añadirles a partir de nuestra experiencia). Las ideas son inmateriales e intangibles, existen fuera del espacio.

Buscar la mente en los detalles del interior del cerebro no es muy distinto de buscar el sentido de un poema examinando con lupa los caracteres en que está escrito. Una lesión cerebral deteriora las facultades de la mente (y por ello es muy útil que la neurología estudie el cerebro, como la grafología o la paleografía estudian caracteres), pero eso no significa que la mente esté dentro del cerebro. El deterioro del papel o de la tinta de un poema puede también deteriorar su sentido (algunas palabras pueden resultar ilegibles), pero es obvio que el sentido del poema no ha estado nunca «dentro» del papel o de la tinta, que son soportes tangibles de algo intangible.

Darse cuenta de la primacía de la conciencia sobre la materia y de lo intangible sobre lo tangible es una revolución que transforma mucho de lo que hasta ahora nos parecía evidente. En palabras de Panikkar:

> ¿Qué significa hoy para nosotros que un Juan de la Cruz diga: «Un solo pensamiento del hombre vale más que todo el mundo»? ¿O que un pensador más contemporáneo como Nikolái Berdiáyev escriba que «la vida espiritual es la más real»? [...]
>
> Todo esto está en contradicción con la cosmovisión moderna predominante e incluso parece incomprensible [...]. Todas estas expresiones metafísicas necesariamente han de parecer exageraciones, como mínimo, a la mayoría de los ciudadanos de nuestra civilización tecnocrática. (ORP X.1, 139)

La voluntad de dominio sobre la naturaleza y el mundo tiende a reducirlo todo a lo material y cuantificable, porque resulta así más controlable. Pero eso empobrece nuestra experiencia y erosiona «el valor que tiene el mundo en sí mismo», como señala la encíclica (§ 115) tras citar la observación de Guardini de que el ser humano moderno

> ni siente la naturaleza como norma válida, ni menos aún como refugio viviente. La ve de manera incondicionalmente objetiva, como espacio y material para un trabajo en el que todo es arrojado, siéndole indiferente lo que con ello suceda. (ENM 50 [74])[45]

Este proceso, que podemos relacionar con lo que Max Weber describió como *Entzauberung der Welt*, 'desencantamiento del mundo', fue constatado tanto por Guardini como por Panikkar:

> El ser humano moderno pierde [...] sus órganos religiosos naturales, de manera que ve el mundo cada vez más como una realidad profana. (ENM 82 [107])

> Muchas personas que ocupan la mayor parte de su tiempo con el rico complejo tecnocrático de la cultura moderna han perdido el sentido de las dimensiones cósmicas y místicas de la vida. (ORP X.1, 45)

---

[45] Citado en *Laudato si'* (§ 115). Donde la encíclica, reproduciendo la edición castellana de Guardini, da «sin hacer hipótesis, prácticamente, como lugar y objeto de una tarea en la que se encierra todo», traduzco «de manera incondicionalmente objetiva, como espacio y material para un trabajo en el que todo es arrojado» («voraussetzungslos, sachlich, als Raum und Stoff für ein Werk, in das alles hineingeworfen wird»).

Las «dimensiones cósmicas y místicas» son parte de la vida experimentada plenamente. *Laudato si'* señala que «hay mística en una hoja, en un camino, en el rocío, en el rostro del pobre» (§ 233), o que «se da una manifestación divina cuando brilla el sol y cuando cae la noche» (§ 85). Recupera el lenguaje de san Francisco para recordarnos que «cada criatura tiene una función y ninguna es superflua» (§ 84) y para afirmar el vínculo que nos une «al hermano sol, a la hermana luna, al hermano río y a la madre tierra» (§ 92). Y lo enfatiza con citas de autores diversos:

> Desde los panoramas más amplios a la forma de vida más ínfima, la naturaleza es un continuo manantial de maravilla y de asombro [*awe*]. Ella es, además, una continua revelación de lo divino. (Obispos católicos de Canadá, en § 85)

> La contemplación es tanto más eminente cuanto más siente en sí el hombre el efecto de la divina gracia o también cuanto mejor sabe encontrar a Dios en las criaturas exteriores. (San Buenaventura, citado en § 233)

> Hay un secreto sutil en cada uno de los movimientos y sonidos de este mundo. Los iniciados llegan a captar lo que dicen el viento que sopla, los árboles que se doblan, el agua que corre, las moscas que zumban, las puertas que crujen, el canto de los pájaros, el sonido de las cuerdas o las flautas, el suspiro de los enfermos, el gemido de los afligidos. (Alí al-Khawas, citado en nota a § 233)

El último autor citado es un poeta y místico sufí del siglo IX. En la tradición islámica, como señala Seyyed Hossein Nasr, también se considera que «todo lo que hay en el mundo es una presencia divina y un testimonio de Dios». Nasr lo apoya en una cita coránica: «Todo lo que hay en el universo canta su alabanza.»[46]

Cabe decir que la experiencia del mundo como teofanía (literalmente, 'manifestación de lo divino') no significa que la Fuente de la divinidad quede reducida a sus manifestaciones tangibles, sino que estas manifestaciones la reflejan. Así como la luz del sol no está contenida en las superficies que la reflejan, la Fuente original no está contenida en sus manifestaciones ni está separada de ellas. Una manifestación muy especial es la misma luz del sol que ilumina el mundo: como escribe Nasr, la salida del sol cada mañana debería ser motivo de admiración.[47] ¿Acaso no lo es cuando la contemplamos desde la paz interior?

El deseo de consumir está en relación inversamente proporcional con la paz interior. Cuanto mayor es la paz interior, menor es la necesidad de consumir. Un camino hacia la paz interior es reconocer el significado y el carácter único que tienen cada momento y lugar.

La encíclica menciona que «cada uno de nosotros guarda en la memoria lugares cuyo recuerdo le hace mucho bien» (§ 84). Esto es especialmente así cuando contemplamos la belleza de espacios majestuosos. Las montañas, por ejemplo, siempre han sido una invitación al esfuerzo y a la perseverancia, al goce del silencio y a la maravilla ante los prodigios de la

---

[46] Seyyed Hossein Nasr, *The spiritual and religious dimensions of the environmental crisis*, The Temenos Academy, Londres, 1999, p. 19. *Cf.*, en el Corán, la sura 17:44.

[47] Seyyed Hossein Nasr, *Knowledge and the sacred*, State University of New York Press, Albany, 1989, p. 195: «The fact that the sun does rise every morning is, from the sapiential point of view, as much a cause for wonder as if it were to rise in the West tomorrow.»

naturaleza. Todavía más lo han sido, en todo el mundo, las montañas consideradas sagradas, como el monte Fuji, el Kailāsa o Montserrat. En 1816, Goethe escribe un comentario a su poema inacabado «Die Geheimnisse» ('Los misterios') en el que, influido por la visita a Montserrat que había hecho Wilhelm von Humboldt, dice que el lector será «conducido a través de una especie de Montserrat ideal».[48] En las líneas finales del mismo texto, Goethe escribe que «uno puede encontrar por sí mismo el gozo y la paz en su propio Montserrat», en la grandeza de su espacio interior.[49] En el otoño del 2006, cuarenta expertos de tres continentes firmaron una «Declaración de Montserrat para los espacios naturales sagrados en los países tecnológicamente desarrollados».[50]

Desde el 2015 el papa Francisco ha declarado (sumándose a una práctica instituida en 1989 por la Iglesia ortodoxa) el día 1 de septiembre como Jornada Mundial de Oración por el Cuidado de la Creación. El llamamiento a rezar por la creación, por el conjunto de la realidad que nos rodea y no solo por una parte especialmente necesitada, es algo sin

---

[48] Johann Wolfgang VON GOETHE, *Goethe's poetische und prosaische Werke in zwei Bänden*, vol. 1, Cotta, Stutgart / Tubinga, 1845, p. 377: «Durch eine Art von ideellem Montserrat geführt werde.» El paisaje de Montserrat fue muy apreciado por el Romanticismo alemán a partir de la visita que hizo Wilhelm von Humboldt en la primavera de 1800. Subiendo desde Collbató, Humboldt quedó admirado ante las formas del macizo, y aquel mismo verano escribió un ensayo entusiasta sobre Montserrat que envió a Goethe y a Schiller, y que fue publicado poco después. El texto de Goethe, de 1816, se titula «Über das Fragment "Die Geheimnisse"».

[49] *Ibid.*, p. 378: «ganz allein der Mensch, auf seinem eigenem Montserrat, Glück und Ruhe finden kann».

[50] *Cf.* Josep Maria MALLARACH / Thymio PAPAYANNIS (ed.), *Protected areas and spirituality*, World Conservation Union / Publicacions de la Abadia de Montserrat, Gland (Suiza) / Barcelona, 2007.

precedentes. Desde finales del siglo XX, en todo tipo de tradiciones religiosas crecen las respuestas a los retos ecológicos.[51]

☙

San Francisco veía el mundo como un lugar lleno de encanto, de maravilla y de vínculos de hermandad. Su discípulo san Buenaventura dice de él que «daba a todas las criaturas, por más despreciables que parecieran, el dulce nombre de hermanas» (§ 11). El cuidado solo puede nacer cuando sentimos respeto, maravilla o, todavía mejor, amor. No podemos cuidar el mundo si lo vemos como un almacén de recursos destinados a ser apropiados, manipulados, comercializados y consumidos. El mundo reificado de la visión materialista lleva necesariamente a la insostenibilidad. El papa Francisco cita al primado de la Iglesia ortodoxa de Constantinopla, Bartolomé I, para constatar lo siguiente:

> Que los seres humanos destruyan la diversidad biológica en la creación divina; que los seres humanos degraden la integridad de la tierra y contribuyan al cambio climático, desnudando la tierra de sus bosques naturales o destruyendo sus zonas húmedas; que los seres humanos contaminen las aguas, el suelo, el aire. Todos estos son pecados. (§ 8)

Y, citando nuevamente a Bartolomé I, nos insta a reconocer «nuestra contribución —pequeña o grande— a la desfiguración y destrucción de la creación» (§ 8). En palabras del filósofo ortodoxo Philip Sherrard:

---

[51] Una buena presentación general es Gary GARDNER, *El Espíritu y la Tierra. Religión y espiritualidad por un mundo sostenible*, Bilbao, Bakeaz, 2003.

Tenemos que recuperar, o redescubrir, la visión del ser humano y del mundo —o, más bien, la visión teoantropocósmica— que nos permitirá percibir, y por tanto experimentar, como las realidades sagradas que son tanto a nosotros mismos como al mundo en que vivimos.[52]

La visión teoantropocósmica de Sherrard confluye, al fin y al cabo, con la visión cosmoteándrica de Panikkar:[53]

Se ha perdido la conciencia del hecho de que la tierra no es «lo otro», sino que es también parte constitutiva del *hombre*, el cual, como tal, también es cosmos, tierra… Así como no hay hombre sin cuerpo, no hay hombre sin *kosmos*. (ORP I.2, 22)

Nuestra relación con la tierra forma parte de nuestra autocomprensión. Es una relación constitutiva. Ser implica y presupone ser *en* y *con* el mundo.

[…] La espiritualidad cosmoteándrica nos hace conscientes de que no podemos salvarnos si no es incorporando la tierra en la misma aventura. (ORP VIII, 432-433)

Si la conciencia ecológica no echa raíces más profundas en algo como la espiritualidad cosmoteándrica, resultará ser solo un cambio cosmético. (ORP X.1, 539)

Por eso necesitamos ampliar la mentalidad analítica y racional con perspectivas como las de las tradiciones espirituales,

---

[52] Philip SHERRARD, *Human image, World Image*, Golgonooza, Ipswich, 1992, p. 10.

[53] Panikkar prefería *cosmoteándrico* a *teoantropocósmico* por una cuestión de eufonía, además de que entronca directamente con el antiguo vocablo *teándrico*. Pero la raíz *anēr* ('-ándrico') tiene connotaciones exclusivamente masculinas, mientras que *anthrōpos* incluye a todo el género humano.

que «trascienden el lenguaje de las matemáticas o de la biología y nos conectan con la esencia de lo humano» (§ 11) y que nos permiten redescubrir la maravilla «ante el misterio de la creación» (§ 199).[54]

> Estamos hablando de una actitud del corazón, que vive todo con serena atención, que sabe estar plenamente presente ante alguien sin estar pensando en lo que viene después, que se entrega a cada momento como don divino que debe ser plenamente vivido. (§ 226)

Como señala el filósofo Charles Taylor, «la salvación de la tierra» puede que dependa del simple hecho de que aprendamos a «habitar entre las cosas» del mundo.[55]

5 RECUPERAR LA DIGNIDAD HUMANA

La crisis global nos hace cuestionar nuestra relación con el mundo y con el significado último de la existencia: ¿quiénes somos?, ¿qué hacemos aquí? Se trata, a fin de cuentas, de un reto epistemológico, antropológico y ontológico.

El filósofo y teólogo ortodoxo Philip Sherrard veía en nuestra interioridad la raíz de las crisis contemporáneas:

> La crisis misma no es una crisis ecológica. No es en primer lugar una crisis en relación con el medio ambiente. Es, ante todo, una crisis relacionada con nuestra manera de pensar. Tratamos a la

---

[54] Cita de *Lumen fidei* (§ 34) reproducida en nota en *Laudato si'* (§ 199).

[55] Charles TAYLOR, «Heidegger, language and ecology», en Hubert DREYFUS / Harrison HALL (ed.), *Heidegger. A critical reader,* Blackwell, Cambridge / Oxford, 1992, p. 267.

Tierra de modo inhumano y dejado de la mano de Dios porque vemos las cosas de modo inhumano y dejado de la mano de Dios. […]

Esto significa que antes de que podamos tratar de manera efectiva el problema ecológico hemos de cambiar nuestra imagen del mundo, y esto, a su vez, significa que hemos de cambiar la imagen que tenemos de nosotros mismos.[56]

La encíclica coincide:

> Ya no basta decir que debemos preocuparnos por las futuras generaciones. Se requiere advertir que lo que está en juego es nuestra propia dignidad. (§ 160)

> Sin embargo, no todo está perdido, porque los seres humanos, capaces de degradarse hasta el extremo, también pueden sobreponerse, volver a optar por el bien y regenerarse, más allá de todos los condicionamientos mentales y sociales que les impongan. […] A cada persona de este mundo le pido que no olvide esa dignidad suya que nadie tiene derecho a quitarle. (§ 205)

Laudato si' también constata «una obsesión por negar toda preeminencia a la persona humana» (§ 90). El ser humano no es una cosa entre otras, ni es simplemente un organismo biológico. Es algo más. El ser humano «tiene una dignidad especialísima», y precisamente esta dignidad se ve afectada por los efectos «de la degradación ambiental, del actual modelo de desarrollo y de la cultura del descarte» (§ 43). El individualismo egocéntrico es también una degradación de

---

[56] SHERRARD, *Human image…*, p. 2.

la dignidad humana: «El hombre y la mujer del mundo posmoderno corren el riesgo permanente de volverse profundamente individualistas, y muchos problemas sociales se relacionan con el inmediatismo egoísta actual» (§ 162). En cambio, el cuidado del mundo y de los demás «nos devuelve el sentimiento de la propia dignidad, nos lleva a una mayor profundidad vital, nos permite experimentar que vale la pena pasar por este mundo» (§ 212).

Es importante redescubrir quiénes somos, porque no podemos reconocernos en la imagen que hoy tenemos de nosotros mismos. «El ser humano no es como lo muestran el positivismo y el materialismo» (ENM 68 [91]), señala Guardini, añadiendo que «la cultura moderna —ciencia, filosofía, pedagogía, sociología, literatura— ha mirado al ser humano de modo equivocado» (ENM 67-68 [91]), como si fuese a fin de cuentas un mero resultado de combinaciones de materia inerte. (El hecho de que no tengamos una imagen adecuada de lo que es el ser humano, ¿no tiene que ver con la aparición de patologías de la imagen humana, como la anorexia?)

> Nadie que tenga conciencia de su condición humana dirá hoy que se reconoce en la imagen que nos da la antropología de la era moderna [...]. Se habla del ser humano, pero en realidad no se lo ve. [...]
>
> El hombre tal y como lo concibe la era moderna no existe. La era moderna intenta una y otra vez reducirlo a categorías que no le corresponden. (ENM 69 [93])

Las diversas ciencias nos enseñan mucho sobre el ser humano, pero la condición humana no es reducible a datos científicos. Panikkar también afirma que «la tecnocracia ha dejado que el Hombre como tal se evaporara» (ORP X.1, 608). Guardini observó que en la interioridad humana empezaban a producirse transformaciones sin precedentes:

> Se transforma, en consecuencia, su relación con la naturaleza. Pierde su inmediatez: se vuelve indirecta, mediatizada por el cálculo y los aparatos. Pierde su carácter intuitivo: se vuelve abstracta y formularia. Pierde su carácter vivencial: queda reificada y tecnificada.
> Se transforma también, en consecuencia, la relación del hombre con su labor. Se vuelve igualmente indirecta, abstracta y reificada. No puede ya vivirla directamente, solo a través del cálculo y del control. De aquí surgen graves problemas. […] La responsabilidad […] implica el paso de la materialidad de cada acontecimiento a su asunción ética; ahora bien, ¿en qué consiste la responsabilidad cuando el acontecimiento pierde su forma cualitativa y se presenta solo a través de fórmulas y aparatos?
> Al hombre que vive de este modo, lo llamamos hombre «no-humano». (ENM 60-61 [84])

¿Dónde podemos reencontrar lo que propiamente nos corresponde como seres humanos? Esta pregunta es propia de toda tradición espiritual o sapiencial. Como señala el filósofo musulmán Seyyed Hossein Nasr:

> Para nosotros la cuestión decisiva, el desafío clave, es: ¿quiénes somos?, ¿qué hacemos aquí? Y la respuesta siempre ha sido que estamos aquí, ante todo, para recordar quiénes somos; estamos aquí para recordar qué es el mundo en su realidad espiritual, y

estamos aquí, sobre todo, para recordar que Dios es la Fuente tanto del mundo como de nosotros.[57]

En palabras de Paul Ricœur, citadas en la encíclica, hay un vínculo entre nuestra propia sacralidad y la del mundo: «Yo me autoexpreso al expresar el mundo; yo exploro mi propia sacralidad al intentar descifrar la del mundo» (§ 85).[58] Este vínculo es mucho más profundo de lo que podría parecer desde la perspectiva materialista:

> El destino del universo pasa por dentro y a través de nosotros —una vez que el nosotros, claro está, ha sido purificado de todo lo que es «nuestra» propiedad privada. No somos seres aislados. El hombre acarrea el peso y la responsabilidad, pero también el gozo y la belleza del universo. «Quien se conoce a sí mismo conoce a su Señor», afirma el dicho tradicional islámico que constantemente repiten los sufíes. «Quien se conoce a sí mismo conoce todas las cosas»; así el Maestro Eckhart completaba el famoso mandato de la Sibila de Delfos: «Conócete a ti mismo». (ORP X.1, 82)[59]

Ello también es reconocido a menudo en la espiritualidad de los pueblos indígenas. En palabras de Heȟáka Sápa (Alce Negro), hombre santo lakota de las Grandes Llanuras de Norteamérica:

---

[57] NASR, *The spiritual...*, p. 30-31.
[58] Cita de *Finitude et culpabilité*, tomo 2 de la *Philosophie de la volonté* de Paul Ricœur.
[59] La cita de Eckhart («Wer sich selbst erkennt, der erkennt alle Kreaturen») procede del sermón «Vom edlen Menschen» (Maestro ECKHART, *Die deutschen und lateinischen Werke. Die deutschen Werke*, vol. V, Kohlhammer, Stuttgart, 1963, p. 106-136).

La primera paz es la más importante: es la que surge en el alma de los hombres cuando se dan cuenta de su parentesco, de su unidad, con el Universo y con todos sus poderes, y cuando se dan cuenta de que en el centro del Universo mora el Gran Espíritu, y que en realidad este centro está en todas partes: está en cada uno de nosotros.[60]

El hinduismo habla del *Puruṣa*, el Hombre Cósmico a partir de cuyo cuerpo se formó todo el universo. El budismo tibetano afirma que todo emerge de la conciencia primordial (*rigpa*). El cristianismo «enseña que cada ser humano es creado por amor, hecho a imagen y semejanza de Dios (*cf.* Gn 1,26)» (§ 65). Estas imágenes nos hacen sentir emparentados con todas las criaturas en un cosmos viviente. Pero del Hombre Cósmico hemos pasado a *El hombre máquina* (título de un tratado materialista del siglo XVIII), a los *cyborgs* de *Blade Runner* y al Smith de *Matrix* (modélico agente del paradigma tecnocrático). Si nos vemos como máquinas, sin interioridad y sin libertad, no podemos realmente respetarnos. Ni respetar a la naturaleza, porque el respeto por el ser humano y el respeto por la naturaleza van de la mano. Al reducir lo vital a lo simplemente mecánico, erosionamos nuestra autoestima y erosionamos, también, la belleza y la integridad del mundo.

Nasr nos invita a una profunda visión de nuestro lugar en el mundo:

    la naturaleza tiene hambre de nuestras oraciones, en el sentido de que somos como una ventana en la casa de la naturaleza a través de la cual penetran la luz y el aire del mundo espiritual en

---

[60] Joseph Epes BROWN / ALCE NEGRO, *La pipa sagrada*, Taurus, Madrid, 1986, p. 157.

el mundo natural. Cuando esta ventana se oscurece, la casa de la naturaleza se oscurece.[61]

※

La dignidad humana es inseparable de la dimensión ética. Necesitamos desarrollar «una sana relación» con el mundo que nos rodea (§ 218) y recordar algo tan simple como que «vale la pena ser buenos y honestos» (§ 229). La dignidad humana requiere también un «camino de maduración [...] y de realización personal» (§ 128):

> No debe buscarse que el progreso tecnológico reemplace cada vez más el trabajo humano, con lo cual la humanidad se dañaría a sí misma. El trabajo es una necesidad, parte del sentido de la vida en esta tierra, camino de maduración, de desarrollo humano y de realización personal. (§ 128)

Es necesario dejar atrás la visión materialista y reificadora, que en el mejor de los casos solo llevaría a «un individualismo romántico disfrazado de belleza ecológica y un asfixiante encierro en la inmanencia», y ser conscientes de la interioridad de los demás: «La apertura a un "tú" capaz de conocer, amar y dialogar sigue siendo la gran nobleza de la persona humana» (§ 119). En nuestra situación actual, el camino hacia el redescubrimiento de la dignidad humana y la dignidad del mundo requiere el desarrollo de ciertas virtudes. Guardini constata que «el espacio existencial» del ser humano contemporáneo se ha transmutado, y que ello comporta un cambio de prioridades:

---

[61] NASR, *The spiritual...*, p. 13.

> La virtud fundamental será sobre todo la seriedad en la búsqueda de la verdad. [...] Esta seriedad quiere saber qué hay tras todas las habladurías sobre el progreso y el dominio de la naturaleza, y asume la responsabilidad que la nueva situación le impone.
> La segunda virtud será la valentía. Una valentía sin aspavientos, personal y espiritual, que se opone al caos que se está desencadenando. [...] Ha de resistir al enemigo universal, el caos que crece dentro de la misma obra del ser humano —y tiene en su contra, como toda gran valentía verdadera, a la mayoría, a la opinión pública, a la falsedad que se concentra en organizaciones y consignas. (ENM 77-78 [102])

Schumacher daba un ejemplo de esta seriedad y valentía en la búsqueda de la verdad:

> La degeneración del sistema industrial —es decir, la idolatría, cada vez más intensa, del hacerse rico enseguida— ofrece por todas partes grandes oportunidades para llevar luz a lugares oscuros. Hay que afirmar en todas partes los valores de la libertad, la responsabilidad y la dignidad humana, incluso allí donde la negación de estos valores permitiría que la gran máquina industrial funcione de manera más ágil y eficiente.[62]

Por otra parte, como señala Guardini, «ninguna forma puede edificarse si el que quiere construirla no está formado él mismo. No existe grandeza alguna que no descanse sobre la superación y la renuncia» (ENM 172 [245]).

Nuestra época pide una nueva cosmología y una nueva antropología, porque, como escribía Guardini, «una verdadera

---

[62] Ernst F. SCHUMACHER, *Good work*, Harper & Row, Nueva York, 1979, p. 37.

imagen del mundo ha de ser efectiva tanto dentro como fuera: a la vez imagen de la creación e imagen del ser humano» (ENM 165). Redescubrir la dignidad del mundo implica recuperar la dignidad de la persona:

> No habrá una nueva relación con la naturaleza sin un nuevo ser humano. No hay ecología sin una adecuada antropología. (§ 118)

6 REENCONTRAR LA FUENTE

Entre los aspectos que constituyen el fenómeno religioso, podemos destacar «una orientación sobre el cosmos y sobre nuestra función en él», «una idea de significado supremo» y de «transformación personal y celebración de la vida», y una aproximación a «una fuerza creativa sustentadora, ya sea en forma de divinidad creadora, de presencia que inspira respeto reverencial» o de «Fuente de tota vida».[63] ¿Cómo habría de ser posible afrontar a fondo los retos ecológicos y humanos sin tener en cuenta estas cuestiones?

Tal como hemos visto, a partir del siglo XIII el absolutismo y el voluntarismo teológicos conforman la imagen de un Dios inescrutable y heterónomo, en el que no hay posibilidad de participación desde la conciencia humana. La imposibilidad de participar en este Dios absoluto es paralela a la imposibilidad de participar en las cosas de un mundo reificado. Tanto el Dios absoluto como las cosas reificadas

---

[63] Extraído de GARDNER, *El Espíritu y la Tierra*..., que se basa en el trabajo del Forum on Religion and Ecology de la Universidad de Yale, un proyecto multirreligioso de una magnitud sin precedentes coordinado por Mary Evelyn Tucker y John Grim.

quedan desligadas de nuestra interioridad. Ante esta carencia de participación en lo divino, no resulta extraña la exclamación del Zaratustra de Nietzsche: «*Si* hubiera dioses, ¿cómo soportaría yo el no ser Dios?»[64] Xavier Zubiri respondería que sí lo somos, pero de «manera finita».[65]

Una de las formas en que la conciencia de trascendencia se manifiesta, a escondidas, desde final de la Edad Media, es la noción geométrica de infinito: una *extensión* ilimitada de espacio o de tiempo. En una cultura que considera que la base de la realidad es lo reducible a cifras, el infinito matemático, en la medida que trasciende toda cifra, queda como evocación de la trascendencia. El infinito matemático permite un atisbo de trascendencia desde la interpretación tecnológica del ser. Es un intento, destinado al fracaso, de hacer tangible lo intangible, de evocar lo infinito desde lo finito.

El infinito matemático evoca de algún modo la verdadera naturaleza de las cosas, que es «in-finita» en el sentido de no ser reificable. Por eso la cultura tecnocientífica es devota del crecimiento ilimitado (infinito) de la economía y del progreso material ilimitado (infinito), grandiosas sombras de la trascendencia. Buena parte de lo que ha guiado a la época moderna es una búsqueda insostenible de la plenitud vital en la abundancia material, de lo cualitativo en lo cuantitativo, de lo infinito en lo finito. Por ahí no se llega al verdadero infinito

---

[64] Friedrich NIETZSCHE, *Así habló Zaraustra*, Círculo de Lectores, Barcelona, 1994, p. 127, en traducción de Andrés Sánchez Pascual. El texto alemán reza: «*wenn* es Götter gäbe, wie hielte ich's aus, kein Gott zu sein!». Una frase casi idéntica se halla en el cuaderno de Nietzsche de junio-julio de 1883 (fragmento [10] 9).

[65] Xavier ZUBIRI, *El hombre y Dios*, Alianza, Madrid, 2003, p. 327: «El hombre es una manera finita, entre otras muchas posibles, de ser Dios real y efectivamente. [...] El hombre es una manera finita de ser Dios.»

de lo intangible, que podemos sentir y experimentar desde la plena presencia en el aquí-y-ahora, como nos invita a hacer Blake con unos conocidos versos:

> *To see a World in a Grain of Sand*
> *And a Heaven in a Wild Flower*
> *Hold Infinity in the palm of your hand*
> *And Eternity in an hour.*
>
> Para contemplar un mundo en un grano
> de arena y un cielo en la flor del campo,
> acoge la infinitud en tu mano,
> vive en una hora la eternidad.[66]

El infinito que podemos acoger en la palma de la mano o en un momento de plenitud no es el infinito geométrico, sino el infinito de lo no-reificable. Es un infinito en el que podemos participar desde la contemplación o el silencio, desde la experiencia y la interioridad. Es el infinito de la plena presencia, del vínculo directo entre la experiencia inmediata y la Fuente primordial. Pero hay sombras (a menudo mecánicas) que oscurecen este vínculo. Reencontrarlo es esencial para redescubrir la dignidad de la persona y del mundo y para dejar atrás la reificación que promueve el paradigma tecnocrático.

※

El proceso de creciente reificación del ser humano y del mundo es indisociable, histórica y existencialmente, de la

---

[66] Traducción propia de William Blake, «Auguries of innocence», un poema donde, por cierto, condena duramente el maltrato de los animales e invita a una visión teofánica.

reificación de la noción de Dios. Tal como hay que hacer un esfuerzo para salir de la visión reificadora del ser humano y del mundo, pocos negarán que la noción de *Dios* que hemos heredado está llamada a transformarse. Una forma de evitar la reificación de esta noción es la teología apofática, el señalar no lo que Dios es, sino lo que *no* es. San Máximo el Confesor, el gran teólogo y filósofo del siglo VII, ya afirma, evitando la tentación reificadora, que «Dios no es una sustancia» (*ouk estin ho theos ousia*).[67]

El mismo Máximo el Confesor nos invita a una visión no reificada de las cosas. En la experiencia inmediata de una cosa, nos dice, desaparece el concepto, desaparece el pensamiento y desaparece toda posible reificación:

> La experiencia inmediata de una cosa elimina el concepto que significa esta cosa; y la intuición de la cosa misma hace imposible reificarla cuando reflexionamos sobre ella. Llamo experiencia al conocimiento perfecto que aparece una vez hemos superado el concepto de la cosa. La intuición es la participación en el objeto que aparece cuando el pensamiento desaparece.[68]

Siete siglos después de Máximo el Confesor, y siete siglos antes de nuestros días, el Maestro Eckhart explica que Dios no es un ser:

> Los maestros dicen que Dios es un ser y un ser inteligible que conoce todas las cosas, pero nosotros decimos que Dios ni es un ser

---

[67] Citado como «Dios no es una *ousia*» en ORP X.1, 397, que da como referencia *Centuria Gnostica* I,4 (*Patrologia Græca* 90, 1083-1084).

[68] Citado en ORP X.1, 459-460 (Panikkar escribe «objetivar-la» para lo que damos como «reificarla»). La referencia es *Quæstiones ad Thalassium* 60 (*Patrologia Græca* 90, 624 A).

ni es inteligible, ni conoce esto ni lo otro. Por eso Dios está vacío de todas las cosas y [por ello] es todas las cosas.[69]

Eckhart afirma la plena participación en Dios, o en algo que está más allá de Dios:

> Por eso ruego a Dios que me vacíe de Dios, pues mi ser esencial está por encima de Dios, en la medida en que comprendemos a Dios como origen de las criaturas. [...] En mi nacimiento [eterno] nacieron todas las cosas y yo fui causa de mí mismo y de todas las cosas, y si yo hubiera querido no habría sido yo ni habrían sido todas las cosas; pero si yo no hubiera sido, tampoco habría sido Dios: que Dios sea Dios, de eso soy yo la causa; si yo no fuera, Dios no sería Dios.[70]

La visión apofática fue abrazada también por Raimon Panikkar:

> La divinidad no *es*: su *ser* está más allá del Ser. Su lugar es meta-ontológico. [...] El apofatismo es absoluto. La divinidad ni es ni existe: no es pensable ni nombrable. (ORP I.2, 52)

Es en este no-ser donde más profundamente somos.

En el siglo XVII, en plena revolución científica, Angelus Silesius equipara la divinidad (*Gottheit*) con la nada y la «trans-nada» (*übernichts*):

---

[69] Se trata del sermón «Beati pauperes spiritu, quoniam ipsorum est regnum caelorum», en Maestro ECKHART, *El fruto de la nada*, Siruela, Madrid, 1998, p. 78, en traducción de Amador Vega Esquerra.

[70] *Ibid.*, p. 80. Mantengo la fuerza del original: «soy yo la causa» (*bin ich die Ursache*) en vez de «soy yo una causa».

I.III *La divinidad es una nada*
La divinidad sublime es nada y trans-nada.
Ver en todo la nada es la buena mirada.[71]

Con la prácticamente única excepción de la cultura moderna, en todo tipo de épocas y latitudes la humanidad ha entendido que lo tangible emana de lo intangible: de algo que ha sido diversamente llamado nada, silencio, luz, *sat-cit-ānanda* ('ser-conciencia-beatitud'), *tao*, *śūnyatā* ('vacío' o, dicho más precisamente, 'no-substancialidad') o *rigpa* ('conciencia primordial'), entre otros nombres. Conviene aclarar de inmediato que la nada de las tradiciones místicas no ha de ser confundida con la nada del nihilismo. El *Ungrund* de Böhme no es el *Abgrund* que Paul Tillich lamenta en un poema de juventud.[72] El *śūnyatā* del budismo nada tiene que ver con el vacío existencial. La luz primordial nada tiene que ver con la luz artificial que fascina a los insectos.

> El silencio es un símbolo de la dimensión divina. Está vacío de sonido, vacío de contenido, privado de Ser. Es un símbolo, no un concepto. Simboliza el Origen, el Principio, el Vacío, el Abismo, el *Ungrund*, el Padre. (ORP X.1, 510)

---

[71] Traduzco priorizando la rima y el sentido sobre el significado literal. Angelus Silesius escribe, con su peculiar grafía (*Cherubinischer Wandersmann. Kritische Ausgabe*, Reclam, Stuttgart, 2000, p. 43):
111. *Die GOttheit ist ein nichts.*
Die zarte GOttheit ist ein nichts und übernichts:
Wer nichts in allem sicht / Mensch glaube / dieser sichts.

[72] «O Abgrund ohne Grund, | des Wahnsinns finstre Tiefe! («¡Oh, abismo sin fondo, | profundidad más oscura de la locura!»), lamenta Tillich en un poema de su época de estudiante, citado en Richard M. ZANER, «Awakening. Towards a phenomenology of the self», en F. J. SMITH, *Phenomenology in perspective*, Springer, Dordrecht, 1970, p. 184.

La divinidad es silencio porque no dice nada, porque no hay nada que decir. Un posible nombre para esta divinidad es *nirvāna* o 'ni-Ser-ni-No-Ser'. Otro nombre es el *mia pēgē theotētos* ('única fuente de la divinidad') de la Patrística, adoptado por el VI Concilio de Toledo (638), donde se acordó llamar al Padre «fons et origo totius divinitatis» ('fuente y origen de toda divinidad'). (ORP I.2, 52)

Esta Fuente y origen de toda divinidad y de toda realidad se deja decir sintéticamente en una palabra en alemán: *Urquelle* ('Fuente primordial'). «La fuente del ser no es ser», escribe Panikkar. «Si lo fuera, ¿cómo podría ser su fuente?» (ORP VIII, 152).

> I.55 *El manantial está en nosotros*
> No has de llamar a Dios. En ti está el manantial.
> Si no obstruyes su caño, manará sin cesar.[73]

Así como el agua que mana no se deja atrapar con los dedos, así la Fuente originaria se escurre entre los espejismos de los conceptos, de la reificación y del mundo cibernético.

7 REINTEGRAR LA REALIDAD

Laudato si' habla reiteradamente de la necesidad de desarrollar una «ecología integral, vivida con alegría y autenticidad» (§ 10).

---

[73] SILESIUS, *Cherubinischer...*, p. 35, escribe:
55. *Der Brunquell ist in uns.*
Du darffst zu GOtt nicht schreyn / der Brunnquell ist in dir:
Stopffstu den Außgang nicht / er flüsse für und für.

Implica una dedicación a «recuperar la serena armonía con la creación, para reflexionar acerca de nuestro estilo de vida y nuestros ideales» (§ 225). Esta ecología integral, añade la encíclica, ha de tener un enfoque «que no excluya al ser humano» (§ 124) e «incorpore claramente las dimensiones humanas y sociales» (§ 137).

A fin de que sea verdaderamente integral, la ecología ha de ser también antropología. Más aún que una «ecología integral», necesitamos una «ecoantropología integral». La palabra *integral* nos recuerda que uno de los problemas más obvios del mundo contemporáneo es la fragmentación: la fragmentación del conocimiento (cuando la especialización pierde de vista el conjunto e incluso el contexto), la fragmentación de la persona (cuando la vida se vuelve incoherente y compartimentalizada), la fragmentación de las relaciones humanas (cuando no soportan las presiones crecientes), la fragmentación de la cohesión social (acompañada de la crisis de legitimidad de muchas instituciones) y la insostenible fragmentación del equilibrio ecológico. ¿Podemos reintegrar los fragmentos?[74]

Guardini estaba convencido de que «la interpretación mecanicista de la existencia no se sostiene» (ENM 167 [239]) y celebraba que «la anterior concepción atomista» se hallaba ya en curso de ser sustituida por una «conciencia de la integralidad [*Bewußtsein der Ganzheitlichkeit*]» (ENM 156 [228]). Esta

---

[74] Uno de los textos importantes de Panikkar lleva por título *Colligite fragmenta*, es decir, «recoged los fragmentos», «haced que los fragmentos vuelvan a reintegrarse» («*Colligite fragmenta*. For an integration of reality», publicado en 1977 en la obra colectiva *From alienation to at-oneness. Proceedings of the Theology Institute of Villanova University* y ahora recogido en ORP VIII, 239-363). No por casualidad la editorial que publica estas páginas se llama Fragmenta.

conciencia de la integralidad sigue intentando abrirse paso, obstruida por la inercia de la visión fragmentadora y por el poder del paradigma tecnocrático. La visión fragmentadora, en cualquier caso, no tiene futuro. No puede perdurar porque tarde o temprano, además de fragmentar el mundo y la persona, acabará fragmentándose a sí misma hasta autodestruirse. Tarde o temprano nos daremos cuenta de que es falsa, porque

> no existe la cosa aislada, o el proceso que transcurre aisladamente, sino que lo individual se encuentra ya previamente dentro de un todo [...]. De aquí surge la conciencia de que todo actúa sobre todo. (ENM 157 [228-229])

Laudato si' lo afirma claramente:

> Todo está conectado (§ 91).

> Todo está relacionado (§ 92).

Esto implica que la visión tecnocrática no hace justicia a los seres: los despoja de la red de relaciones que los constituye, los mutila para hacerlos encajar en los fríos parámetros de la cuantificación y la reificación. No podemos excluir «de nuestros intereses alguna parte de la realidad», hemos de evitar «caer nuevamente en el reduccionismo» (§ 92).

Como escribe Guardini:

> Todo ser es más que sí mismo. El acontecer significa más que el mero suceder. Todo hace referencia a algo que está por encima o tras de sí. Solo desde aquí recibe su plenitud. (ENM 84 [109])

Por eso nos toca reintegrar la realidad, en el doble sentido de integrar los fragmentos en que la hemos desmenuzado y de integrarla plenamente con nuestra conciencia. De ahí se sigue una consecuencia ética fundamental: lo que hacemos es indisociable de lo que somos y de lo que devenimos:

> Pues no hay efecto que afecte solo a su objeto, sea cosa o persona; todo influye también en quien lo realiza. Es una terrible ilusión del agente el creer que su acción tiene lugar «fuera»: de hecho, también tiene lugar dentro de él, antes incluso que en el objeto de su acción. En realidad, el que actúa «deviene» continuamente aquello que «hace» —todos, desde el líder responsable de un Estado al [...] técnico, desde la artista al agricultor... (ENM 153 [225]).

Desde nuestra conciencia y nuestras intenciones participamos plenamente en una realidad interdependiente.

※

En septiembre de 1915, en el África ecuatorial, Albert Schweitzer atravesaba el río Ogooué ante una manada de hipopótamos cuando, espontáneamente, se le presentó la expresión *Ehrfurcht vor dem Leben*, 'reverencia por la vida'.[75] Desde

---

[75] Albert SCHWEITZER, *Wie wir überleben können. Eine Ethik für die Zukunft*, Herder, Friburgo / Basilea / Viena, 1994, p. 51: «als wir bei Sonnenuntergang gerade durch eine Herde Nilpferde hindurchfuhren, stand urplötzlich, von mir nicht geahnt und nicht gesucht, das Wort 'Ehrfurcht vor dem Leben' vor mir» ('durante la puesta de sol, mientras atravesábamos una manada de hipopótamos, se me presentó de repente, sin que la hubiera esperado ni buscado, la expresión "reverencia por la vida"'). Este texto fue publicado en la autobiografía de Schweitzer, *Aus meinem Leben und Denken* (1933).

entonces, este premio Nobel de la Paz consideró que lo que más necesitaba el mundo era reencontrar la reverencia por la vida. En nuestra situación actual no basta con añadir un barniz de espiritualidad y valores a la visión materialista que impregna y aturde el mundo contemporáneo. En nuestra situación sin precedentes nos toca optar entre estar al servicio del paradigma tecnocrático o estar al servicio de la vida y de la luz.

Se han hecho muchas llamadas a una transformación de la conciencia que nos lleve a una relación más sana y ecológica con el mundo y con nosotros mismos. Ahora ya está claro que necesitamos una «*conversión* ecológica global» (§ 5). Hemos de darnos cuenta de que la naturaleza y el cosmos no son mecanismos sino teofanías, manifestaciones de una realidad que va más allá de lo que podemos reducir a simples explicaciones materialistas. Sabemos que hemos de cambiar, pero el mundo en que vivimos tiene muchas formas de hacer que lo ignoremos, sigamos la corriente de lo que hacen los demás y nos dejemos deslumbrar por las seducciones electrónicas.

Se intensifican a la vez los retos y las oportunidades. ¿Hacia dónde vamos? La opción de las reformas graduales se va desvaneciendo. Y a medida que se desvanece, quedan dos opciones extremas que están ya en marcha. Una es el colapso, hoy paulatino en casi todas partes pero ya abrupto en algunas. La otra es una radical transformación de la conciencia, como la que piden, entre otros, el dalái lama, el patriarca ecuménico de Constantinopla, Bartolomé I, y el papa Francisco, o como la que ya pedían Schweitzer, Schumacher, Sherrard, Fromm, Panikkar y tantos otros autores citados en estas páginas. Solo una profunda transformación de la conciencia nos permitirá despertar, deshacer los velos del engaño, redescubrir la dignidad de la persona y del mundo, y reencontrar el vínculo entre la Fuente originaria y nuestra experiencia inmediata, aquí y ahora.

EPÍLOGO
EN LOS LÍMITES, TRES REVELACIONES

I EN EL OJO DEL HURACÁN DE LA HISTORIA

La historia se acelera y empieza a llevarnos por derroteros que no son, de ningún modo, los que hubiéramos previsto hace treinta años, cuando el mundo todavía parecía avanzar con paso firme hacia la paz, la prosperidad y la fraternidad. Se ha seguido avanzando en muchos ámbitos, pero también han sobrevenido situaciones no previstas y mezquindades no imaginadas. Es como si estuviéramos en el ojo del huracán de la historia, donde prácticamente todo converge y prácticamente todo puede ocurrir.

Como ya escribía Guardini a mediados del siglo xx, «en las épocas de transformación se remueven los estratos más hondos del ser humano» (ENM 45 [69]); en nuestra época, además, tenemos «conciencia de haber llegado ante las últimas alternativas» (ENM 51 [75]). No se trata de hacer «un pronóstico apocalíptico barato», pero sí de reconocer que «nuestra existencia se encuentra en la cercanía de la decisión absoluta y de sus consecuencias: tanto las más altas posibilidades como los peligros más extremos», y que necesitamos «confianza y valentía» (ENM 94 [119-120]). Confianza, como escribe Hölderlin en *Patmos*, en que «donde está el peligro, allí emerge también lo que salva».

De Patmos decía venir el autor del Apocalipsis, vocablo que en griego no significa otra cosa que 'revelación'. Hoy necesitamos una nueva revelación. Y tiene que venir de la ciencia para que pueda resultar suficientemente creíble. Entre las luces y sombras del momento contemporáneo también hay una especie de revelación, o tal vez tres. Están ahí, esperando a quien se atreva a mirar. *Sapere aude*, «atrévete a saber», dice la frase latina popularizada por Kant en el apogeo de la Ilustración. Atreverse implica la confianza y valentía de estar libres de prejuicios, dispuestos a ver la realidad tal como es, tal como se presenta, tal como se revela.

Los mismos instrumentos científicos y tecnológicos que ha puesto en marcha la civilización moderna nos llevan a tres revelaciones completamente inesperadas. Los primeros científicos modernos, en el siglo XVII, no podrían haberlas imaginado. Tampoco nadie mínimamente imbuido de cultura moderna en el siglo XIX hubiera sospechado semejantes revelaciones. Durante el siglo XX empezaron a manifestarse, pero dada su increíble naturaleza no se les prestó suficiente atención. Pero ahora, entrado el siglo XXI, la evidencia científica que las sostiene resulta ya innegable.

2 LA REVELACIÓN *PERIFÍSICA* (EN LOS LÍMITES DE LA MATERIA)

La física ha sido el modelo de toda ciencia: la más sólida, la de avances más espectaculares y la que más a fondo revela (o así parecía) el fondo íntimo de las cosas. Ese fondo se creía compuesto de diminutos bloques de construcción, los átomos, cuyas relaciones mecánicas constituirían la realidad. Pero se vio que los átomos están compuestos de partículas elementales: electrones, protones y neutrones. Luego se fueron descubriendo otras partículas más elementales y mucho más complicadas: multitudes de *quarks*, leptones, bosones y otros, con sus familias y subfamilias, dentro de una maraña en la que en el fondo solo encontramos trazos de fenómenos efímeros y entrelazados.

Pero nada hay aquí, todavía, que podamos llamar *revelación*.

Mientras unos físicos hurgaban en los límites microscópicos de la materia, otros exploraban los límites del espacio astrofísico. Emergieron paradojas, como las constatadas por Einstein. Y ya en 1930 el astrofísico británico sir James Jeans explicaba:

> El torrente del conocimiento se encamina hacia una realidad nomecánica. El universo empieza a parecerse más a un gran pensamiento que a una gran máquina. La mente ya no parece un intruso que se ha colado por casualidad en el mundo de la materia [...]. Deberíamos, en realidad, aclamar a la mente como creadora y responsable del reino de la materia.

Pocas décadas después, Schrödinger y Wigner (ambos galardonados con el premio Nobel de Física) sugirieron que la base de la realidad no tendría que buscarse en la materia, sino en la conciencia y la percepción. Y en el 2005, un artículo publicado en la más prestigiosa de las revistas científicas, *Nature*, concluía que el universo «es inmaterial —mental y espiritual».[1]

---

[1] Sobre todo este tema, *cf.* Jordi PIGEM, *La nueva realidad. Del economicismo*

Cuanto más nos adentramos en los límites de la materia, más se derrumban nuestras antiguas certezas y más empieza a mostrarse una especie de revelación, que nos dice que:

- el mundo no está hecho de objetos sino de relaciones;
- el observador participa plenamente en lo observado;
- la realidad está profundamente entrelazada y no se deja describir por completo de manera objetiva;
- el núcleo de la realidad no radica en lo conceptual, lo objetivo y lo cuantitativo, sino en lo creativo, lo cualitativo y lo relacional;
- la conciencia y la percepción son más fundamentales que la materia y la energía.

Buscando con rigor los fundamentos últimos de un mundo sustancial, hemos descubierto un mundo relacional. El sustancialismo queda de este modo reducido al absurdo. La ontología relacional no es ya únicamente el fruto de muchas tradiciones espirituales,[2] sino también el fruto de la disciplina científica con más solidez y más solera. Por su carácter tan innegable como inesperado, podemos hablar aquí de *revelación*, de revelación *perifísica*, dado que emerge de nuestra atenta observación de los límites (*peri*) de la materia (*physis*).

---

a la conciencia cuántica, Kairós, Barcelona, 2013, p. 115-133, y las referencias correspondientes en las p. 190-198.

[2] Hemos mencionado más arriba la noción budista de *pratītyasamutpāda* (sección 4.3), la convicción de Guardini de que la «concepción atomista» es falsa y debe ser sustituida por una «conciencia de la integralidad» y la no menor convicción con que *Laudato si'* expresa que «Todo está conectado» y «Todo está relacionado» (sección 4.7).

3 LA REVELACIÓN *PERIGAIANA* (EN LOS LÍMITES DE LA TIERRA)

Si queremos tener una buena relación con la Tierra, conviene empezar a tratarla más respetuosamente, como si fuera un «tú» más que un «eso». Tal vez el mundo responda mejor si le hablamos en segunda persona. Gaia es el nombre de la diosa Tierra en la Grecia antigua (*Gaian pammēteiran*, 'Gaia, madre de todo', invoca el inicio del himno homérico a Gaia) y es el nombre de una audaz hipótesis de Margulis y Lovelock que invita a ver el conjunto de los sistemas biofísicos de la Tierra como un conjunto que se autorregula a partir de la actividad de todas las formas de vida y que puede compararse a un organismo.

Hoy estamos impactando contra los límites mismos de los sistemas biofísicos de la Tierra, contra los límites de la autorregulación gaiana, y en esta coyuntura *perigaiana* se da una revelación. Nos dice, para empezar, que no estamos en la Tierra como el pasajero en el avión, pasajeramente, sino como el ave en el aire, de modo inseparable.

Pero nos dice también algo más.

Nos dice que tenemos que cambiar de rumbo, porque de otro modo se hunde el prodigio de vida que nos sostiene. Lo insostenible no puede sostenerse por mucho tiempo, por más que haya una maraña de espejismos publicitarios y mediáticos proyectando una fantasía de progreso material ilimitado. «El estilo de vida actual, por ser insostenible, solo puede terminar en catástrofes», citábamos más arriba.[3] En última instancia, la crisis ecológica es la expresión tangible

---

[3] *Laudato si'* §161, citado *supra*, p. 16.

de una crisis intangible, una crisis que tiene una dimensión cosmológica y antropológica: no entendemos cuál es nuestro lugar en el mundo, no sabemos quiénes somos. La crisis ecológica nos interpela a indagar quiénes somos.

Y a darnos cuenta de que el horizonte del progreso material ilimitado se disipa: queda reducido al absurdo. La revelación perigaiana, ¿no nos muestra que la visión materialista y mecanicista no se sostiene?

Si el propósito de la vida colectiva no es el crecimiento material ilimitado, y si el propósito de la vida personal no es el consumo, entonces, ¿cuál es el propósito de la vida? Podemos seguir creciendo como personas, en creatividad y humanidad, sensatez y lucidez, atención y autorrealización, creciendo como participantes de un mundo frágil y prodigioso.

Pero hay más.

Cuando, en el Apocalipsis de Juan de Patmos, el toque de las dos primeras trompetas de los ángeles señala la destrucción de «la tercera parte de los árboles» y «la tercera parte de todos los seres que vivían en el mar» (Ap 8,7-9), podríamos pensar que se trata de un pronóstico extremo y «apocalíptico». Pero en los últimos siglos hemos destruido mucho más de la tercera parte de los bosques y de las formas de vida del mar. Y así, buena parte de lo que metafóricamente describe Juan de Patmos (metafóricamente, porque el literalismo es fundamentalismo) puede ponerse en relación con el apocalipsis biosférico que ahora estamos viviendo.[4]

---

[4] El ingeniero Pedro Prieto, desde una perspectiva científica y nada religiosa, hizo recientemente una extensa e inquietante comparación de este tipo: «El Apocalipsis visto por un apocalíptico. Entre las trompetas y los cálices» (publicado en www.15-15-15.org el 5 de diciembre del 2016). Prieto

La revelación perigaiana, por tanto, nos muestra que la Tierra es indisociable de nuestro ser,[5] que la biosfera es más sutil y prodigiosa de lo que pensábamos y que debemos cambiar de rumbo y de horizonte. O de otro modo tendremos que navegar en las turbulentas aguas del mayor colapso que vieron los siglos. Y allí será inevitable el encuentro con la contingencia, con la impermanencia y con *duḥkha*, la insatisfacción fundamental. Y será por tanto necesario buscar orientación en las tradiciones sapienciales y espirituales, así como en estas nuevas revelaciones que ahora se nos presentan.

4 LA REVELACIÓN *PERIBIÓTICA* (EN LOS LÍMITES DE LA VIDA)

Nuestro modo de entender la muerte es inseparable de nuestro modo de entender la vida. El miedo a la muerte es proporcional al miedo a la vida: miedo a fluir en el océano de lo incierto. El miedo a la muerte medra, con más fuerza que nunca, en el fondo de la conciencia contemporánea. El horizonte materialista contenía promesas de inmortalidad, la

---

destaca (en relación con Ap 9,20-21) lo grave de nuestro autoengaño y adormecimiento: «La más deslumbrante y terrible profecía, la más real, la que verdaderamente cuenta y la que debe estremecer por su acierto tremendo, es la que describe la indiferencia, la tremenda indiferencia de los seres humanos que no son directamente afectados por este primer ¡ay! [...] Mientras millones de seres humanos están golpeados por el sexto ángel, el resto no dejan de adorar al dios Consumo, que exige víctimas inocentes para seguir satisfaciendo su insaciable apetito.»

[5] Hemos visto *supra*, p. 151, sección 4.4, que para Panikkar «nuestra relación con la tierra forma parte de nuestra autocomprensión» y «no podemos salvarnos si no es incorporando la tierra en la misma aventura».

mayoría implícitas (a través de la acumulación de posesiones y riquezas, supuestamente intemporales) y hoy, cada vez más, explícitas (en espejismos tecnoutópicos). Desde una perspectiva cristiana, Simeón el Nuevo Teólogo ya decía hace mil años que quien espere la vida eterna para después y no la viva ahora tendrá un gran desengaño. Desde una perspectiva budista, el *nirvāṇa* no está en un lugar distinto que el *saṃsāra*. Desde una perspectiva lógica, Wittgenstein escribe en su *Tractatus*: «uno vive eternamente cuando vive en el presente» (6.4311).

Pero hay más. El Maestro Eckhart, en el texto que hemos citado más arriba, afirmaba algo que ha sido más común oír en Oriente que en Occidente:

> Por eso soy no nacido y en el modo de mi no haber nacido no puedo morir jamás. Según el modo de mi no haber nacido he sido eterno y lo soy ahora y lo seré siempre.[6]

Pero decíamos que íbamos a basarnos en la ciencia. Desde los presupuestos materialistas de la ciencia que hemos heredado, parece evidente que la muerte es el final de la aventura. Baja el telón, acaba el espectáculo. Pero la buena ciencia tiene que abandonar sus presupuestos cada vez que encuentra evidencias inesperadas. Y aquí, sí, también las hay.

Gracias a los avances de la ciencia médica, hay un creciente número de personas que se han acercado al umbral de la muerte (a veces permaneciendo en estado de coma) o que incluso se han adentrado brevemente en él. Algunas de estas personas, para sorpresa de médicos, enfermeras y familiares,

---

[6] Maestro ECKHART, *El fruto de la nada*, Siruela, Madrid, 1998, p. 80.

despiertan recordando experiencias insólitas que un número creciente de investigadores denomina *near-death experiences* ('experiencias cercanas a la muerte').[7]

Tales experiencias pueden también producirse ante una situación de peligro y en otras situaciones límite. Me parece más preciso y conciso llamarlas experiencias *peribióticas*, dado que pese a su diversidad siempre se dan «en los límites de la vida».

¿Se trata de simples alucinaciones? ¿O hay en las experiencias peribióticas algun tipo de realidad que nos invita a transformar nuestra percepción de la muerte y de la vida?

La medicina nos ayuda a posponer la muerte, pero no puede decirnos si ese umbral lleva a alguna parte o no. La ciencia moderna, por su propia metodología, no puede asomarse directamente al otro lado de la muerte para explorar qué puede haber ahí, o bien certificar que no hay nada. Si optamos por creer que el mundo está hecho exclusivamente de combinaciones de partículas materiales que obedecen a leyes mecánicas, resulta inconcebible que pueda haber algo más allá del umbral de la muerte. Pero semejante conclusión se basa en cómo creemos que deberían ser las cosas, no en ninguna evidencia científica.

No es fácil definir médicamente el momento de la muerte. Suele ser un proceso complejo y gradual. Si hace unas

---

[7] Cuatro obras recientes que analizan con rigor un enorme abanico de estas experiencias son las escritas por el cardiólogo holandés Pim VAN LOMMEL (*Consciencia más allá de la vida*, Atalanta, Vilaür, 2012), por la doctora británica Penny SARTORI (*ECM. Experiencias cercanas a la muerte*, Kairós, Barcelona, 2015), por el psiquiatra Peter FENWICK y su esposa Elizabeth FENWICK (*El arte de morir*, Atalanta, Vilaür, 2015), y por el cardiólogo norteamericano Michael Sabom (*Recuerdos de la muerte*, Milenio, Lérida, 2017).

décadas se consideraba que el cese de la actividad cardíaca y de la respiración visible era suficiente para diagnosticar la muerte clínica, hoy sabemos que hay que esperar a que cese toda actividad vital, incluido el cese de toda actividad en el cerebro (en algunos casos, la actividad cerebral puede continuar tenuemente por debajo de lo que nos muestra un electroencefalograma). El umbral solo se atraviesa cuando la actividad vital cesa de un modo completamente irreversible.

En la inmensa mayoría de personas que viven una experiencia peribiótica, tanto si previamente creían que hay algo tras el umbral o no, hay una serie de elementos que suelen ser comunes, con cierta influencia de su contexto cultural. Entre dichos elementos hay un sentimiento de gran paz, alegría y tranquilidad (sin rastro del dolor que la persona puede haber sentido durante su agonía); la percepción del propio cuerpo desde fuera (generalmente desde arriba); la percepción de que las personas que hay en la sala constatan y lamentan el fallecimiento; visiones muy rápidas de muchísimos momentos de la vida que queda atrás, como una especie de examen vital en que sentimos cómo muchas de nuestras acciones han ayudado o afectado a otras personas; la percepción de un túnel al final del cual hay una luz inmensamente brillante pero no cegadora (como la escena que hace más de cinco siglos pintó el Bosco en *La visión del más allá*); la presencia de un ser luminoso y bondadoso, que puede ser un familiar anteriormente fallecido (que se muestra en la flor de la vida), o bien una figura espiritual; la sensación de estar profundamente unido a toda la realidad y a todas las personas; la visión de un umbral o barrera cuyo traspaso (según siente la persona que vive esta experiencia) significaría adentrarse en otra dimensión y no regresar a esta vida, y el oír o saber que no es momento todavía de atravesar dicho umbral, antes de regresar a la vida en nuestro mundo. No todas las personas que han vivido una experiencia peribiótica relatan todas y cada una de estas experiencias, pero sí un gran número de ellas.

Hay una serie de efectos muy beneficiosos habituales en las personas que han vivido una experiencia peribiótica, que incluyen un mayor sentimiento de bondad, una mayor conciencia ecológica, la convicción de que la propia vida tiene un sentido y, sobre todo, la desaparición completa del miedo a la muerte.[8]

Cada vez tenemos más información sobre este fenómeno, recopilada por médicos de la mayor credibilidad que nunca hubieran imaginado que algo así fuera posible hasta que se toparon con ello a través de personas que habían contribuido a reanimar. La mayoría de las personas que viven una experiencia peribiótica se hallan en un estado de muerte cerebral, con un electroencefalograma plano, por lo que teóricamente no deberían tener ningún tipo de experiencia o de conciencia. Sin embargo, estas personas «recuerdan» hechos que sucedieron en la sala tras su muerte clínica. Todavía más soprendente es el hecho de que las personas ciegas describen lo que sucedía a su alrededor tras su muerte clínica, incluyendo el aspecto físico de médicos y enfermeras, y los colores y detalles de su ropa. Del mismo modo, las personas sordas describen qué se decía a su alrededor. Por lo que respecta al encuentro con familiares fallecidos, puede

---

[8] La excepción son algunas experiencias teñidas de miedo, acaso provocadas por el terror ante la muerte del propio sujeto. Aun así, muchas de tales experiencias pierden buena parte de su carga negativa cuando la persona las reevalúa desde una actitud relajada.

tratarse de personas cuyo fallecimiento no había sido comunicado a la persona que vive la experiencia peribiótica. Estos y otros aspectos de este fenómeno no son explicables con nuestros conocimientos científicos actuales. Pero continúan sucediendo.

Como señala el dalái lama, «sería poco práctico no estudiar estos temas con sumo cuidado».⁹ La viveza de las experiencias peribióticas, más vívidas que las experiencias de la vida cotidiana, es también característica de los sueños lúcidos y de algunos estados meditativos. Ello sugiere que lo percibido en estas experiencias está relacionado con nuestro estado de conciencia. La revelación peribiótica confirma, más allá de toda duda razonable, que la conciencia es una realidad más fundamental que la materia.

Estas tres revelaciones, en los límites de la física, de la Tierra y de la vida, refutan los tres presupuestos de la interpretación tecnológica del mundo que más arriba identificábamos: la triple creencia en que la base de la realidad es la materia, que la realidad es externa a nuestra conciencia y existe de manera objetiva e independiente, y que la mente es estrictamente individual y necesita un soporte material para comunicarse con otras mentes.

⁹ Entre las tradiciones meditativas, el budismo tibetano ha desarrollado una serie de tratados que analizan el proceso de agonía y el «estado intermedio» entre la muerte y un nuevo nacimiento. El más conocido entre tales tratados es *El libro de los muertos tibetano*, del que hay una traducción directa de Ramon N. Prats (Siruela, Madrid, 2007). Un amplia introducción a esta perspectiva sobre la vida, la muerte y la conciencia es la de Dzogchen PONLOP, *La mente más allá de muerte*, Kairós, Barcelona, 2015.

El paradigma tecnocrático, como paradigma, está acabado, aunque todavía seguirá embistiendo por inercia, como un robot descontrolado, como un gigante sonámbulo.

Pero el camino hacia un mundo nuevo está abierto.

Y seguirá abierto.

BIBLIOGRAFÍA CITADA[1]

ARENDT, Hannah, *The human condition*, University of Chicago Press, Chicago, 1958 (traducción castellana: *La condición humana*, Paidós, Barcelona, 2016).
AYÉN, Xavi, «Jonathan Franzen: Google se parece a la Alemania comunista», *La Vanguardia* (11 de octubre del 2015), p. 60-61.
BAUMAN, Zygmunt, *Does the richness of the few benefit us all?*, Polity Press, Cambridge, 2013 (traducción castellana: *¿La riqueza de unos pocos nos beneficia a todos?*, Paidós, Barcelona, 2016).
BERRY, Wendell, *Life is a miracle. An essay against modern superstition*, Counterpoint, Washington, 2000.
BIELAWSKI, Maciej, *Raimon Panikkar. Una biografía*, Fragmenta, Barcelona, 2014.
BLUMENBERG, Hans, *Die Legitimität der Neuzeit*, Suhrkamp, Fráncfort, 1988.
—, *Die Genesis der kopernikanischen Welt*, Suhrkamp, Fráncfort, 1996.
—, *La legitimación de la edad moderna*, Pre-Textos, Valencia, 2008.
—, *Geistesgeschichte der Technik*, Suhrkamp, Fráncfort, 2009 (traducción castellana: *Historia del espíritu de la técnica*, Pre-Textos, Valencia, 2013).
BORGMANN, Albert, *Power failure. Christianity in the culture of technology*, Brazos, Grand Rapids, 2003.
BOVEN, Leaf van, «Experientialism, materialism, and the pursuit of happiness», *Review of General Psychology*, vol. 9, n. 2 (2005), p. 132-142, DOI: 10.1037/1089-2680.9.2.132.

---

[1] Véase también *supra*, p. 7-8, «Abreviaturas».

Brague, Rémi, «La galàxia Blumenberg», *Comprendre*, vol. 2, núm. 1, Barcelona (2000), p. 81-97.

Brient, Elizabeth, *The immanence of the infinite. Hans Blumenberg and the threshold to Modernity*, The Catholic University of America Press, Washington, 2002.

Brown, Joseph Epes / Alce Negro, *La pipa sagrada*, Taurus, Madrid, 1986.

Capriles, Elías, *Alienación*, descargable en webdelprofesor.ula.ve/humanidades/elicap/es/uploads/Biblioteca/alienacion_tomo_unico.pdf (612 páginas).

Chargaff, Erwin, «On the dangers of genetic meddling», *Science*, vol. 192 (1976), p. 938-940.

—, *Heraclitean fire. Sketches from a life before nature*, The Rockefeller University Press, Nueva York, 1978.

Cheynet, Denis, «Automóvil y decrecimiento», en *Objetivo decrecimiento*, Leqtor, Barcelona, 2006, p. 152-177.

Cortina, Albert / Miquel-Àngel Serra (coord.), *¿Humanos o posthumanos? Singularidad tecnológica y mejoramiento humano*, Fragmenta, Barcelona, 2015.

Crosby, Alfred W., *The measure of reality, Quantification and western society, 1250-1600*, Cambridge University Press, Cambridge, 1998 (traducción castellana: *La medida de la realidad*, Crítica, Barcelona, 1998).

Dolgin, Elie, «The myopia boom», *Nature*, núm. 519 (19 de marzo de 2015), p. 276–278, DOI: 10.1038/519276a.

Dreyfus, Hubert L., *Being-in-the-World. A commentary on Heidegger's «Being and time»*, *División I*, The MIT Press, Cambridge, 1991.

— / Sean Dorrance Kelly, *All things shining*, Free, Nueva York, 2011.

— / Charles Taylor, *Retrieving realism*, Harvard University Press, Cambridge, 2015.

Easterlin, Richard, *Growth triumphant. The 21st century in historical perspective*, University of Michigan, Ann Arbor, 2008.

—, «Happiness and economic growth. The evidence», *IZA Discussion Paper*, núm. 7187, Forschungsinstitut zur Zukunft der Arbeit / Institute for the Study of Labor, Bonn, 2013.

ECKHART VON HOCHHEIM [MAESTRO ECKHART], *Die deutschen und lateinischen Werke. Die deutschen Werke*, vol. V, Kohlhammer, Stuttgart, 1963.
— *El fruto de la nada*, edición y traducción de Amador Vega, Siruela, Madrid, 1998.
ELLUL, Jacques, *Le systéme technicien*, Calmann-Lévy, París, 1977.
EMERSON, Ralph Waldo, *The journals and miscellaneous notebooks of Ralph Waldo Emerson*, vol. III (1826-1832), Harvard University Press, Cambridge, 1963.
FENWICK, Peter / Elizabeth FENWICK, *El arte de morir*, Atalanta, Vilaür, 2015.
FLORENSA, Albert, *La vida humana en el medi tècnic. El pensament de Jacques Ellul*, Claret, Barcelona, 2010.
FRANKL, Viktor, *Man's search for meaning*, Washington Square, Nueva York, 1985.
GARDNER, Gary, *El Espíritu y la Tierra. Religión y espiritualidad por un mundo sostenible*, Bakeaz, Bilbao, 2003.
GEBSER, Jean, *Ursprung und Gegenwart. Erster Teil (Gesamtausgabe, Band II)*, Novalis, Schaffhausen, 1999 [1949].
—, *Origen y presente*, Atalanta, Vilaür, 2011.
GOETHE, Johann Wolfgang VON, *Goethe's poetische und prosaische Werke in zwei Bänden*, vol. I, Cotta, Stutgart / Tubinga, 1845.
GOLEMAN, Daniel, *Focus. Desarrollar la atención para alcanzar la excelencia*, Kairós, Barcelona, 2015.
GRIFFIN, David Ray, *Unsnarling the World-Knot*, University of California Press, Berkeley, 1998.
GUARDINI, Romano, *Obras I*, Cristiandad, Madrid, 1981.
HAN, Byung-Chul, *Was ist die Macht?*, Reclam, Stuttgart, 2005.
—, *Im Schwarm. Ansichten des Digitalen*, Matthes & Seiz, Berlín, 2013.
—, *Psychopolitik. Neoliberalismus und die neuen Machttechniken*, Fischer, Fráncfort, 2014.
— *Psicopolítica*, Herder, Barcelona, 2014.
HARRIES, Karsten, *Infinity and perspective*, Massachusetts Institute of Technology, Cambridge, 2001.
HEIDEGGER, Martin, «Die Frage nach der Technik», en *Vorträge und Aufsätze*, vol. I, Günter Neske, Pfullingen, 1954.

—, *Seminare* (*Gesamtausgabe*, vol. 15), Vittorio Klostermann, Fráncfort, 1986.
HORKHEIMER, Max, *Dawn and decline. Notes 1926-1931 and 1950-1969*, Seabury, Nueva York, 1978.
ILLICH, Ivan, *In the vineyard of the text. A commentary on Hugh's Didascalicon*, The University of Chicago Press, Chicago, 1993.
—, *Energía y equidad*, en *Obras reunidas*, Fondo de Cultura Económica, México, 2006.
— / Barry SANDERS, *ABC. The alphabetization of the popular mind*, North Point Press, San Francisco, 1988.
JACKSON, Tim, «The challenge of sustainable lifestyles», en WORLDWATCH INSTITUTE, *2008 The state of the world*, Norton, Nueva York, 2008, p. 45-60.
KAHNEMAN, Daniel / Alan B. KRUEGER, / David SCHKADE / Norbert SCHWARZ / Arthur A. STONE, «Would you be happier if you were richer? A focusing illusion», *Science*, vol. 312, núm. 5782 (30 de junio del 2006), p. 1908-1910.
KASSER, Tim, *The high price of materialism*, The MIT Press, Cambridge, 2002.
KEYNES, John Maynard, *Essays in persuasion*, W. W. Norton, Nueva York, 1963.
KILLINGSWORTH, Matthew A. / Daniel T. GILBERT, «A wandering mind is an unhappy mind», *Science*, vol. 330 (12 de noviembre del 2010), p. 932.
KOVEL, Joel, «Schizophrenic being and technocratic society», en Daniel Michael LEVIN (ed.), *Pathologies of the modern self*, New York University Press, Nueva York, 1987, p. 330-348.
KOYRÉ, Alexandre, *From the closed world to the infinite universe*, The Johns Hopkins University Press, Baltimore, 1968.
KUHN, Thomas, *The structure of scientific revolutions*, The University of Chicago Press, Chicago, 1970 (traducción castellana: *La estructura de las revoluciones científicas*, Fondo de Cultura Económica, Madrid, 2016).
KUNDERA, Milan, *La lentitud*, Destino, Barcelona, 1995.
LANIER, Jaron, *You are not a gadget. A manifesto*, Vintage, Nueva York, 2011.

—, *Contra el rebaño digital*, Debate, Barcelona, 2011.
—, *Who owns the future?*, Simon & Schuster, Nueva York, 2014.
—, *¿Quién controla el futuro?*, Debate, Barcelona, 2014.
LAYARD, Richard, *Happiness. Lessons from a New Science*, Penguin, Londres, 2006.
LEONTIEF, Wassily A., «Academic economists», *Science*, núm. 217 (9 de julio de 1982), p. 104-107.
LEOPARDI, Giacomo, *Le poesie e le prose*, Mondadori, Milán, 1953.
LEVIN, Daniel Michael (ed.), *Pathologies of the modern self*, New York University Press, Nueva York, 1987.
LOMMEL, Pim van, *Consciencia más allá de la vida*, Atalanta, Vilaür, 2012.
LOY, David, *A buddhist history of the West*, State University of New York Press, Albany, 2002.
LUKÁCS, John, *The passing of the Modern Age*, Harper & Row, Nueva York, 1970.
—, *At the end of an age*, Yale University Press, New Haven, 2002.
—, *The future of history*, Yale University Press, New Haven, 2011.
MALLARACH, Josep Maria / Thymio PAPAYANNIS (ed.), *Protected areas and spirituality. Proceedings of the First Workshop of The Delos Initiative — Montserrat 2006*, World Conservation Union / Publicacions de la Abadia de Montserrat, Gland (Suiza) / Barcelona, 2007.
MEADOWS, Donella, «Places to intervene in a system», *Whole Earth Catalogue*, núm. 91 (invierno de 1997), p. 78-84.
MUMFORD, Lewis, *Technics and civilization*, University of Chicago Press, Chicago, 2010 [1934] (traducción castellana: *Técnica y civilización*, Alianza, Madrid, 1982).
NASR, Seyyed Hossein, *Knowledge and the sacred*, State University of New York Press, Albany, 1989.
— *The spiritual and religious dimensions of the environmental crisis*, The Temenos Academy, Londres, 1999.
NIETZSCHE, Friedrich, *La genealogía de la moral*, Alianza, Madrid, 1981.
—, *Also sprach Zarathustra*, en *Sämtliche Werke. Kritische Studienausgabe*, vol. 4, de Gruyter, Berlín / Nueva York, 1988 a (traducción

castellana: *Así habló Zaratustra*, Círculo de Lectores, Barcelona, 1994).

—, *Nachgelassene Fragmente 1887-1889*, en *Sämtliche Werke. Kritische Studienausgabe*, vol. 13, de Gruyter, Berlín / Nueva York, 1988 b.

NOBLE, David F., *The religion of technology. The divinity of man and the spirit of invention*, Penguin, Nueva York, 1999.

OXFAM INTERNATIONAL, «An economy for the 1 %», *Oxfam Briefing Paper*, núm. 210 (2016).

PANIKKAR, Raimon, *Culto y secularización*, Marova, Madrid, 1979.

—, «Quelques théses supplémentaires sur la technologie», en André MERCIER (ed.), *Philosophie et technique. Philosophy and technology*, Institut International de Philosophie, Berna / París, 1984, p. 61-72.

—, «El "tecnocentrisme". Algunes tesis sobre tecnologia», en *La nova innocència*, La Llar del Llibre, Barcelona, 1991.

PAPA FRANCISCO, *Evangelii gaudium*, Tipografia Vaticana, Ciudad del Vaticano, 2013.

PASCAL, Blaise, *Pensées*, Gallimard, París, 2000 (traducción castellana: *Pensamientos*, Alianza, Madrid, 2015).

PECCEI, Aurelio, *The human quality*, Pergamon Press, Oxford, 1977.

PIGEM, Jordi, *La odisea de Occidente*, Kairós, Barcelona, 1994.

—, *La nueva realidad. Del economicismo a la conciencia cuántica*, Kairós, Barcelona, 2013.

—, *Inteligencia vital. Una visión postmaterialista de la vida y la conciencia*, Kairós, Barcelona, 2016.

PONLOP, Dzogchen, *La mente más allá de muerte*, Kairós, Barcelona, 2015.

PRATS, Ramon N. (ed.), *El libro de los muertos tibetano*, Siruela, Madrid, 2007.

RICARD, Matthieu, *Chemins spirituels. Petite anthologie des plus beux textes tibétains*, Nil, París, 2010.

RITZER, George, *Enchanting a disenchanted world*, Pine Forge Press, Thousand Oaks (California), 2010^3.

RUSSELL, Bertrand, *Mysticism and logic*, Longmans Green, Londres, 1918.

Sabom, Michael B., *Recuerdos de la muerte: investigaciones médicas*, Milenio, Lérida, 2017.

Sacks, Daniel W. *et al.*, «The new stylized facts about income and subjective well-being», *IZA Discussion Paper*, núm. 7105, Forschungsinstitut zur Zukunft der Arbeit / Institute for the Study of Labor, Bonn, 2012.

Sartori, Penny, *ECM. Experiencias cercanas a la muerte*, Kairós, Barcelona, 2015.

Schumacher, Ernst F., *Small is beautiful*, Abacus, Londres, 1974 (traducción castellana: *Lo pequeño es hermoso*, Hermann Blume, Madrid, 1978).

—, *Good work*, Harper & Row, Nueva York, 1979.

—, *A guide for the perplexed*, Harper & Row, Nueva York, 1986 (traducción castellana: *Guía para los perplejos*, Debate, Madrid, 1981).

—, *This I believe and other essays*, Green Books, Totnes, 2004.

Schweitzer, Albert, *Wie wir überleben können. Eine Ethik für die Zukunft*, Herder, Friburgo / Basilea / Viena, 1994.

Sekulova, Filka, «On the economics of happiness and climate change», tesis doctoral dirigida por Jeroen van den Bergh, Universitat Autònoma de Barcelona / Institut de Ciència i Tecnologia Ambientals, Bellaterra, 2013.

Sherrard, Philip, *The rape of man and nature*, Golgonooza, Ipswich, 1987.

—, *Human image, world image*, Golgonooza, Ipswich, 1992.

Silesius, Angelus, *Cherubinischer Wandersmann. Kritische Ausgabe*, Reclam, Stuttgart, 2000.

Sola, José de / Hernán Talledo / Gabriel Rubio / Fernando R. de Fonseca, «Development of a mobile phone addiction craving scale and its validation in a Spanish adult population», *Frontiers of Psychiatry*, vol. 8, núm. 90 (30 de mayo del 2017), DOI: 10.3389/fpsyt.2017.00090.

Spitzer, Manfred, *Demencia digital. El peligro de las nuevas tecnologías*, Ediciones B, Barcelona, 2013.

Steffen, Will *et al.*, «The trajectory of the Anthropocene. The great acceleration», *The Anthropocene Review* (2015), DOI: 10.1177/2053019614564785.

TAYLOR, Charles, «Heidegger, language and ecology», en Hubert DREYFUS / Harrison HALL (ed.), *Heidegger. A critical reader*, Blackwell, Cambridge / Oxford, 1992, p. 247-269.

THOREAU, Henry David, *Political Writings*, Cambridge University Press, Cambridge, 1996.

TOLKIEN, J. R. R., *The Silmarillion*, edición de Christopher Tolkien, HarperCollins, Londres, 1999.

WANSINK, Brian / Craig S. WANSINK, «The largest Last Supper: depictions of food portions and plate size increased over the millennium», *International Journal of Obesity*, vol. 34, núm. 2 (2010), p. 943-944, DOI: 10.1038/ijo.2010.37. xxx.

WILKINSON, Richard / Kate PICKETT, *The spirit level*, Allen Lane, Londres, 2009 (traducción castellana: *Desigualdad*, Turner, Madrid, 2009).

WITTGENSTEIN, Ludwig, *Tractatus Logico-Philosophicus / Logisch-Philosophische Abhandlung*, Kegan Paul, Londres, 1922 (traducción castellana: *Tractatus Logico-Philosophicus*, Tecnos, Madrid, 2013).

WORLD HEALTH ORGANIZATION, «Electromagnetic fields and public health: mobile phones», *Media Centre Fact Sheet*, núm. 193 (2014).

ZANER, Richard M. , «Awakening. Towards a phenomenology of the self», en F. J. SMITH, *Phenomenology in perspective*, Springer, Dordrecht, 1970, p. 171-186.

ZUBIRI, Xavier, *El hombre y Dios*, Alianza, Madrid, 2003.

ZWEIG, Stefan, *Die Welt von Gestern*, Insel, Berlín, 2013 [1942] (traducción castellana: *El mundo de ayer*, Acantilado, Barcelona, 2001).

ÍNDICE ONOMÁSTICO

Adorno, Theodor W.: 26, 27
Alí al-Khawas: 147
Arendt, Hannah: 27, 109-110, 141
Ayén, Xavi: 62

Bacon, Francis: 106
Bartolomé I: 86, 121, 150, 170
Bauman, Zygmunt: 10, 18, 25-26, 30, 34
Berdiáyev, Nikolái: 145
Bergoglio, Jorge (papa Francisco): 7, 9-10, 13-16, 20-24, 26-28, 30-35, 38, 40-42, 45-47, 49, 52, 58-61, 75-76, 79-82, 85-93, 95-96, 99-101, 103, 107-108, 119-121, 123-124, 147, 150, 152-154, 156-158, 160, 166-168, 170
Berry, Wendell: 71, 74, 75
Bielawski, Maciej: 19
Blake, William: 162
Blumenberg, Hans: 89-90, 106, 130-136
Boff, Leonardo: 23
Böhme, Jakob: 165

Bohr, Niels: 93
Bosch, Hieronymus (El Bosco): 182
Borgmann, Albert: 91, 112
Brague, Rémi: 19, 131
Brient, Elizabeth: 131
Buenaventura, san: 54-55, 147, 150

Capriles, Elías: 82
Chargaff, Erwin: 74-75
Cheynet, Denis: 38
Clara de Asís, santa: 128
Cortina, Albert: 79
Crosby, Alfred: 127, 129

Dante Alighieri: 127-128
Descartes, René: 53, 95, 100
Dolgin, Elie: 59
Dreyfus, Hubert: 92-93, 105, 141-142, 152

Easterlin, Richard: 43-45
Eckhart de Hochheim (maestro Eckhart): 156, 163-164, 180
Einstein, Albert: 55, 175

Ellul, Jacques: 104
Emerson, Ralph Waldo: 140

Fenwick, Elizabeth: 181
Fenwick, Peter: 181
Florensa, Albert: 104
Francisco, papa: *véase* Bergoglio
Francisco de Asís, san: 100, 102, 127, 128, 138-139, 147, 150
Frankl, Viktor: 126
Franzen, Jonathan: 61-62
Freud, Sigmund: 27
Fromm, Erich: 27, 170

Gabilondo, Iñaki: 77
Gardner, Gary: 150, 160
Gebser, Jean: 14
Gilbert, Daniel: 66
Gödel, Kurt: 93
Goethe, Johann Wolfgang von: 149
Goleman, Daniel: 10, 66, 68
Griffin, David Ray: 144
Grim, John: 160
Guardini, Romano: 7, 9-10, 13-14, 18, 24, 27, 36, 50-53, 81, 83, 95-99, 103, 105-106, 108-109, 112, 116, 122, 124, 126, 130, 141, 144, 146, 154, 158-159, 167, 168, 173, 176
Gyatso, Tenzin (catorceavo dalái lama): 170, 184

Han, Byung-Chul: 10, 58, 60, 105
Harris, Tristan: 64

Hawking, Stephen: 17-18
Heȟáka Sápa (Alce Negro): 157
Heidegger, Martin: 10, 27, 92, 94-95, 96, 104
Heisenberg, Werner: 93
Heráclito de Éfeso: 52
Hölderlin, Friedrich: 92, 174
Horkheimer, Max: 27, 59-60, 109
Humboldt, Wilhelm von: 149
Huxley, Aldous: 78

Illich, Ivan: 10, 27, 37-38, 121, 129

Jackson, Tim: 124-125
Jeans, James: 175
Jesús de Nazaret: 41, 102
Juan de la Cruz, san: 145
Juan Evangelista: 102
Juan de Patmos: 178

Kahneman, Daniel: 43
Kant, Immanuel: 174
Kasser, Tim: 45
Kelly, Sean D.: 92
Keynes, John Maynard: 47
Killingsworth, Mathew A.: 66
Kovel, Joel: 110
Koyré, Alexandre: 130-131
Kuhn, Thomas: 86
Kundera, Milan: 37

Labdrön, Machig: 106-107
Lanier, Jaron: 10, 62-64, 76-77, 78-79

Layard, Richard: 43, 47
Leontief, Wassily: 56
Leopardi, Giacomo: 138-139
Levin, David Michael: 110, 125
Lovelock, James: 177
Loy, David: 32-33
Lukács, John: 20, 71

Mallarach, Josep Maria: 149
Marcuse, Herbert: 27
Margulis, Lynn: 177
Máximo el Confesor, san: 163
Meadows, Donella: 88
Mercier, André: 89
Mumford, Lewis: 27, 127, 128-129

Nasr, Seyyed Hossein: 15, 113, 121-122, 147-148, 155-156, 157-158
Nietzsche, Friedrich: 97-98, 143, 161
Noble, David: 111
Noble, Denis: 73

Ockham, Guillermo de: 134-136
Orwell, George: 78

Panikkar, Raimon: 7-8, 9-10, 18-19, 21, 27, 39-40, 49-50, 53, 54, 87, 89, 92, 102-103, 104, 107, 108, 112, 120, 122-123, 135, 137, 142, 145, 146, 151, 155, 156, 163, 164, 165-166, 167, 170, 178
Papayannis, Thymio: 149

Pascal, Blaise: 35
Peccei, Aurelio: 27, 29, 33, 50, 85
Pickett, Kate: 15
Pitágoras de Samos: 72
Platón: 97, 98, 132-133
Ponlop, Dzogchen: 184
Prats, Ramon N.: 184
Prieto, Pedro: 178-179
Puig Punyet, Enric: 65

Rahner, Karl: 18
Ricard, Matthieu: 107
Ricœur, Paul: 156
Ritzer, George: 124
Russell, Bertrand: 55

Sabom, Michael: 181
Sacks, Daniel W.: 43
Sánchez Pascual, Andrés: 161
Sanders, Barry: 129
Sartori, Penny: 181
Schiller, Friedrich: 149
Schrödinger, Erwin: 175
Schumacher, Ernst Fritz: 30-31, 36-37, 47, 122, 159, 170
Schweitzer, Albert: 169-170
Sekulova, Filka: 48
Serra, Miquel-Àngel: 79
Sherrard, Philip: 24-25, 88, 133, 150-151, 152, 170
Silesius, Angelus: 164-166
Simeón el Nuevo Teólogo, san: 180
Sola, José de: 67
Spitzer, Manfred: 68

Steffen, Will: 39

Taylor, Charles: 10, 105, 141-142, 152
Tempier, Etienne: 133
Thoreau, Henry David: 60-61
Tillich, Paul: 165
Tolkien, J. R. R.: 96, 106
Tomás de Aquino, santo: 133
Tucker, Mary Evelyn: 160
Tzara, Tristan: 58

Van Boven, Leaf: 43
Van Lommel, Pim: 181

Waldman, Milton: 106
Wansink, Brian: 41
Wansink, Craig: 41
Weber, Max: 146
White, Lynn: 100
Wigner, Eugene: 175
Wilkinson, Richard: 15
Wittgenstein, Ludwig: 55, 180

Zamiatin, Yevgueni: 78
Zaner, Richard: 165
Zubiri, Xavier: 161
Zweig, Stefan: 61

RAIMON PANIKKAR
Iniciación a los Veda
Selección de Milena Carrara
Traducción de Laia Villegas

FRAGMENTOS, 2
Primera edición: febrero del 2011
104 p. | 12 € | 978-84-92416-38-7

«Los veda son uno de los corpus de literatura religiosa más antiguos de la humanidad, además de constituir uno de los primeros documentos literarios de la India (entre el 2000 y el 1000 a. C.). Se trata de una de las manifestaciones más bellas del Espíritu, al decir de Raimon Panikkar, que dedicó diez años de su vida a traducirlos y comentarlos.

Esta antología es un compendio de la revelación védica entendida como el desvelar de las profundidades que siguen resonando entre nosotros. La revelación védica abre el proceso de quien se hace consciente y se descubre a sí mismo. No es el mensaje de otro ser, sino la manifestación progresiva de la realidad misma a la consciencia humana.

A partir de una selección de himnos védicos, este libro propone un auténtico camino iniciático que, siguiendo el ritmo de la vida del cosmos, nos lleve al nacimiento de la verdadera Vida en nosotros..

MACIEJ BIELAWSKI
Panikkar
Una biografía
Traducción de Jordi Pigem

FRAGMENTOS, 30
Primera edición: noviembre del 2014
368 p. | 24 € | 978-84-15518-09-9

«Se llamaba Raimon Panikkar (Barcelona 1918 - Tavertet 2010). Erudito excelso, viajero infatigable, interlocutor fascinante, oficiante extático, escritor fecundo que iba más allá de la escritura y hablaba del silencio de la palabra. Siempre sereno y sonriente, fresco y lúcido hasta el final. Hombre bello y encantador, ligero y robusto, delicado y resistente. La leyenda es una mirada lejana, y aquí residen la fuerza, la belleza, la fascinación y la seducción que la impregnan. Panikkar se presentaba y era visto de este modo. Era un meteoro, un cometa, un relámpago. Siempre venía de lejos y luego desaparecía. Procedía de un rico pasado, compuesto de todas las tierras que había recorrido y de todos los conocimientos que había acumulado.

Más allá de la leyenda, la investigación biográfica nos permite superar el retrato hagiográfico y obtener una imagen más fiel a la realidad histórica. Si la obra de Panikkar es interesante, importante, fascinante y grandiosa, no lo es menos su trayectoria vital. Si se mira su vida con honestidad, delicadeza y respeto, y sin prejuicios, idealizaciones ni censuras absurdas, se encuentra en ella la clave de comprensión de su mensaje.

RAIMON PANIKKAR Y PINCHAS LAPIDE
¿Hablamos del mismo Dios?
Un diálogo
Traducción de Carlota Rubies

FRAGMENTOS, 44
Primera edición: febrero del 2018
110 p. | 13,90 € | 978-84-15518-88-4

Existe una máxima rabínia según la cual cada controversia tiene, si se mira en profundidad, tres caras: la tuya, la mía y la cara correcta. Haciéndose suya esa sentencia, Pinchas Lapide, judío, y Raimon Panikkar, cristiano, hindú, buddhista y secular, dialogan en profundidad sobre Dios, pero también sobre el ateísmo, el fundamentalismo, el mal, la Biblia, las escrituras védicas o la mística.

«Todo lo que podemos decir sobre Dios no es más que un balbuceo impotente. ¿De qué Dios estamos hablando, pues?», se pregunta Lapide. Panikkar advierte: preguntarse si las distintas religiones hablan del mismo Dios puede dar a entender que Dios es una cosa en sí de la cual se puede hablar en tercera persona. Recogiendo el pensamiento de Martin Buber, el filósofo catalán defiende hablar de Dios en segunda persona: Dios es un tú, nunca un yo o un él.

En el prólogo de la obra, Lapide reflexiona sobre la prohibición bíblica de las imágenes de Dios y sobre la necesidad de que las religiones dialoguen entre ellas. En el epílogo, Panikkar repasa la evolución de su imagen de Dios a través de un estimulante relato autobiográfico.

JOSÉ TOLENTINO MENDONÇA
Pequeña teología de la lentitud
Traducción de Teresa Matarranz

FRAGMENTOS, 42
Primera edición: mayo del 2017
80 p. | 9,90 € | 978-84-15518-72-3

Pasamos por las cosas sin habitarlas, hablamos con los demás sin escucharlos, acumulamos información en la que no llegaremos a profundizar. Todo transcurre a un galope ruidoso, vehemente y efímero. La velocidad a la que vivimos nos impide vivir. Precisamos de una lentitud que nos proteja de las precipitaciones mecánicas, de los gestos ciegamente compulsivos, de las palabras repetidas y banales. Necesitamos reaprender el aquí y ahora de la presencia, necesitamos reaprender lo entero, lo intacto, lo concentrado, lo atento y lo uno.

José Tolentino nos invita a explorar la lentitud, el agradecimiento, el perdón, la espera, el arte de cuidar y habitar, la perseverancia, la compasión, la alegría, el deseo y el arte de no saber. El autor expresa su anhelo con respecto al futuro de la humanidad: que habitemos, contemplemos y nos asombremos de cada uno de nuestros actos.

ALBERT CORTINA Y MIQUEL-ÀNGEL SERRA
¿Humanos o posthumanos?
Singularidad tecnológica
y mejoramiento humano
Con 24 fotografías de David Molina

FRAGMENTOS, 33
Primera edición: marzo del 2015
528 p. | 33 € | 978-84-15518-14-3

¿Estamos dispuestos a aceptar una especie humana mejorada tecnológicamente a partir de la transformación radical de sus condiciones naturales? ¿Se está produciendo ya la singularidad tecnológica que dará lugar a un salto evolutivo irreversible del género humano hacia el posthumano? ¿Qué papel desempeñan la conciencia, la ética y la democracia para controlar los abusos en este proceso?

Los autores, desde una apuesta decidida por el refortalecimiento, en este siglo XXI, de un humanismo renovado, nos introducen de forma abierta y crítica en los conceptos de singularidad tecnológica y mejoramiento humano, así como en la agenda internacional del transhumanismo. Esta agenda nos conduce a la interacción e incorporación en nuestro cuerpo y en nuestra mente de tecnologías emergentes, como la nanotecnología, la biotecnología, la tecnología del conocimiento y de la información, la inteligencia artificial, la robótica, la biomimética o la neurociencia espiritual.